FORSCHUNGSBERICHT DES LANDES NORDRHEIN-WESTFALEN

Nr. 3051 / Fachgruppe Bau/Steine/Erden

Herausgegeben vom Minister für Wissenschaft und Forschung

Dipl.-Ing. Thomas Frank

Institut für Bauforschung
der Rhein.-Westf. Techn. Hochschule Aachen
Direktor: Prof. Dr.-Ing. K. Wesche

Verhalten von Beton unter kurzzeitiger Höchstbelastung (Druckstoß)

Westdeutscher Verlag 1981

CIP-Kurztitelaufnahme der Deutschen Bibliothek

Frank, Thomas:
Verhalten von Beton unter kurzzeitiger Höchstbelastung (Druckstoss) / Thomas Frank. - Opladen : Westdeutscher Verlag, 1981.
(Forschungsberichte des Landes Nordrhein-Westfalen ; Nr. 3051 : Fachgruppe Bau, Steine, Erden)
ISBN-13: 978-3-531-03051-7 e-ISBN-13: 978-3-322-87680-5
DOI: 10.1007/978-3-322-87680-5
NE: Nordrhein-Westfalen: Forschungsberichte des Landes ...

Gesamtherstellung: Westdeutscher Verlag

ISBN-13: 978-3-531-03051-7

INHALT

1. EINLEITUNG

Den im Bauwesen üblichen Beschreibungen von Eigenschaften und Verhaltensweisen der Baustoffe liegen Materialprüfungen zugrunde, die in ihrer Dauer der Belastung bestimmten zu erwartenden Belastungsfällen angepaßt sind. Dabei ist zu beachten, daß gerade Beton als viskoelastischer Stoff hinsichtlich der quantitativen Größen der Verhaltensbeschreibung eine besonders ausgeprägte Abhängigkeit von der Belastungsgeschwindigkeit zeigt /1/. In Laborversuchen kann jedoch nur das Verhalten eines geometrisch einfachen Körpers unter einfachen Randbedingungen beschrieben werden. Das Verhalten von Beton unter höchsten Belastungsgeschwindigkeiten kann mit Prüfmaschinen kaum ermittelt werden, das Verhalten ganzer Stahlbetonbauwerke bei derartigen Beanspruchungen entzieht sich einer Bestimmung mittels Proben kleineren, prüfmaschinengerechten Ausmaßes. Da die Erfassung des Materialverhaltens bei Stoßbelastung in erster Linie ein Meßproblem darstellt, wird der Konzeption und Beschreibung einer geeigneten Meßeinrichtung große Bedeutung geschenkt.

Ziel dieses Forschungsvorhabens ist es, zum einen eine entsprechende Meßeinrichtung zusammenzustellen, und zum anderen Beanspruchungs- und Verformungsmessungen in einem durch stoßartigen Innendruck (Gasdruck aus Explosionen) belasteten Bauwerk aus Stahlbeton durchzuführen.

Die gewonnenen Kenntnisse über die Materialreaktionen können unter anderem dazu dienen, Schutzbauten wirtschaftlicher zu dimensionieren, die Festlegung von Sicherheitsbeiwerten von Konstruktionen gegenüber Explosionen zu erleichtern und Kriterien zum leichteren Abbruch bestehender Stahlbetonbauten zu erhalten.

2. BISHERIGE UNTERSUCHUNGEN

2.1 Messung und Beschreibung der Beanspruchung

Im allgemeinen wird der zeitliche Luftdruckverlauf nach einer Explosion idealisiert behandelt: Dem unendlich steilen Anstieg bis zum Spitzenwert folgt ein exponentieller Abfall, worauf sich die länger andauernde Phase negativen Druckes anschließt.

Um etwas über die Stärke der Materialbeanspruchung aussagen zu können, werden als Versuchsparameter häufig die Sprengstoffmasse bzw. die chemische Energie und der Abstand des beanspruchten Materials zur Sprengladung angegeben /2 bis 7/.

Sehr ausführlich wurden die positiven und negativen Druckspitzenwerte sowie die Dauer der positiven und negativen Druckphasen jeweils in Abhängigkeit der Sprengstoffmasse und des Abstandes zum Detonationsort untersucht /8 bis 12/.

Über die Zeitabhängigkeit der Beanspruchung "Luftdruckstoß", insbesondere über Anstiegsphase und -geschwindigkeit - jeweils auch abhängig vom Abstand zum Detonationsort - ist der Literatur kaum etwas zu entnehmen. Erst in jüngerer Zeit, begünstigt durch die technische Entwicklung der elektronischen Meßeinrichtungen, wurden Versuche unternommen, die in Mikrosekunden ablaufende Beanspruchung detailliert zu erfassen /8, 9, 11, 13 bis 20/. Hier ist allerdings selten zu erkennen, daß der Problematik der Meßeinrichtungen die nötige Aufmerksamkeit geschenkt wurde: Einerseits waren beispielsweise die Grenzfrequenz von Meßverstärkern und Registriergeräten ungeeignet, um die hochfrequenten Vorgänge exakt zu erfassen, andererseits wurden die technischen Daten und die Bestandteile der verwendeten Meßeinrichtungen überhaupt nicht erwähnt.

Bei der Beanspruchung eines Festkörpers durch detonativ erzeugten Luftdruckstoß mit bekanntem zeitlichem und räumlichem Druckverlauf wird in der Materialoberfläche zunächst eine Druckspannung erzeugt. Dabei entsteht durch Reflexion an dieser Oberfläche und Wellenüberlagerungen eine Druckerhöhung, deren Verlauf /4, 9, 10, 21, 22/ und Größe /10, 21/ theoretisch bestimmbar bzw. in Tabellen und Diagrammen angegeben sind. Die Materialoberfläche ist dann Ausgang einer Spannungswelle, welche sich ins Körperinnere fortpflanzt und Materialdehnungen hervorruft. An der Materialrückseite, also an der dem Detonationsort abgewandten Oberfläche, entstehen durch Reflexion und Überlagerung Zugspannungen, die bei Überschreiten der Zugfestigkeit schalenförmige Abplatzungen bewirken können /15, 23 bis 25/.

Bei mechanischen Stoßvorgängen läßt sich ferner der Impuls als Beschreibung einer Beanspruchung heranziehen /4, 6, 9/. Dieser Druckimpuls wird folgendermaßen aus dem gemessenen Druck-Zeit-Verlauf p(t) bestimmt.

$$I(t) = \int_{t_1}^{t_1+t} p(\tau)\, d\tau \quad , \quad t_1 \leqq t \leqq t_o$$

mit t_1: Anfangszeitpunkt des Druckanstiegs,
t_o: Endzeitpunkt der positiven Druckphase.

Als einzelnes Maß für die Beanspruchung wird der Endwert dieses Zeitintegrals benutzt:

$$I = \int_{t_1}^{t_1+t_o} p(t)\, dt \quad .$$

In /26/ wird die gesamte Stoßkraft einer Detonation aus den physikalischen und chemischen Eigenschaften des Sprengstoffs bei kugelförmiger Ausbreitung der Stoßwelle theoretisch hergeleitet. Die Reichweite dieser Explosionswellen ist der dritten Wurzel aus der Sprengstoffmenge proportional.

Eine grundsätzlich andere Art der hochdynamischen Beanspruchung ist der Massenstoß. Derartige Materialprüfungen lassen sich wegen der geringeren Gefahr gegenüber dem Druckstoßversuch mit Sprengstoffen eher in Laboratorien vornehmen. So wurden bereits Schlagbiegeversuche /27, 28/, Aufprallversuche auf Platten /16, 29 bis 32/ und auf Stäbe in Längsrichtung /33 bis 35/ durchgeführt. Dabei wird der zeitliche Verlauf der dynamischen Belastung im allgemeinen aus den Reaktionen der Auflager oder der Stoßköpfe ermittelt, die als Kraftmeßdosen oder vergleichbare Elemente gestaltet sind. Diese Art der Kraftmessung ist äußerst kritisch wegen der Einflüsse aus Trägheit von Probekörper und Kraftaufnehmer, aus der Beschaffenheit der Stoß-Kontaktfläche sowie aus dem Eigenschwingungsverhalten des Kraftaufnehmers selbst /36, 37/.

2.2 Messung und Beschreibung der Materialreaktion

Wegen der noch nicht ausreichend entwickelten Meßeinrichtungen konnten lange Zeit als bestimmbare Materialreaktionen auf Stoßbeanspruchung lediglich Größe eines Gebäudeschadens, Rißweiten bei Probekörpern oder Größe von Abplatzungen bzw. Zerstörungen ermittelt werden. Insbesondere in den USA sind im militärischen Bereich zahlreiche Großversuche zur Auffindung derartiger Größen durchgeführt worden /3, 5 bis 7, 14, 30, 38, 39/.

Relativ niederfrequente Durchbiegungen, Schwingungen oder Erschütterungen von Gebäuden und Bauteilen nach Druckstoßbeanspruchung wurden bereits gemessen und registriert /2, 5, 11, 14, 17, 31, 38/. Wie schon unter Abschnitt 2.1 erwähnt, wird auch hier häufig nicht den erforderlichen technischen Daten der Meßeinrichtungen die nötige Aufmerksamkeit geschenkt, zuweilen werden die Meßeinrichtungen gar nicht aufgeführt.

Vollständige Dehnungs-Zeit-Verläufe aus dem Innern eines Materials, insbesondere aus einer Stahlbetonwand, nach Druckstoßbeanspruchung wurden bislang nicht erfaßt.

3. DAS VERSUCHSGEBÄUDE

Die Versuche zur Ermittlung von Dehnungen in Stahlbetonwänden, welche durch Detonation einer vorgelagerten Sprengstoffladung auf Luftdruckstoß beansprucht wurden, fanden in einem geschlossenen Stahlbetonbunker des Bundesinstituts für Chemisch-Technische Untersuchungen (BICT) in Heimerzheim statt. Die Abmessungen seines Innenraumes betragen rd. 13,6 m x 6,1 m x 5,0 m bei Wanddicken bis zu 1,5 m /40/.

Die Festlegung der Orte und die Aufsicht über das sorgfältige und maßgerechte Einbetonieren der Dehnungsmeßelemente, jedoch nicht deren Auswahl, oblagen dem Institut für Bauforschung der RWTH Aachen. Die dem Sprengraum zugewandten Wandflächen wurden zum Schutz gegen Sprengsplitter mit einer Holzverkleidung versehen. Die Abbildungen 1 bis 4 zeigen einen unmaßstäblichen Plan des Bunkers mit Angabe der Lage der einzelnen Meßstellen. Tabelle 1 enthält eine weitere Aufschlüsselung der Dehnungsmeßelemente.

Vorangegangene Untersuchungen haben gezeigt, daß bei einer Detonation im Innern eines solchen Bunkers keine wesentlichen Unterschiede in den Luftdruckstößen gegenüber einer Detonation in der freien Atmosphäre auftreten /8/.

Mit Ausnahme der Luftdruck- und Dehnungsaufnehmer befand sich die gesamte zugehörige Meßeinrichtung in einem angegliederten Laborraum.

4. DIE MESSEINRICHTUNG

4.1 Allgemeine Anforderungen

Zur Erfassung der nach einer Detonation relativ schnell ablaufenden Luftdruck- und Dehnungsänderungen bedarf es einer hohen oberen Grenzfrequenz der gesamten Meßeinrichtung - bis zu mehreren hundert Kilohertz. Wegen der endlichen Kapazität der Meßwertspeicher einerseits und der unterschiedlich großen Laufzeiten der Luftstoßwelle bis zum Eintreffen bei den einzelnen Meßwertaufnehmern andererseits bedarf es einer genauen Vermessung von Lage der Sprengladung und Meßwertaufnehmern sowie sorgfältiger Planung des Zeitpunkts, in dem der Start der Registriervorrichtung ausgelöst wird. Hierauf wird weiter unten ausführlicher eingegangen.

Darüberhinaus müssen die größten auftretenden Meßwerte vor jedem Versuch unter Berücksichtigung der Randbedingungen Art und Masse des Sprengstoffs, Entfernung der Sprengladung zu den einzelnen Aufnehmern und Art der Luftdruckwelle (reflektiert oder nicht reflektiert) möglichst genau abgeschätzt werden, um die passenden Meßbereiche in der Meßeinrichtung zu wählen; denn während des in Mikro- bis Millisekunden ablaufenden Versuchs ist es bei Überschreitung oder bei zu geringer Ausnutzung von Meßbereichen nicht mehr möglich, eine Korrektur vorzunehmen.

4.2 Messung des Luftdruckes

4.2.1 Luftdruckaufnehmer

Zur Erfassung des Luftdruckes wurden beschleunigungskompensierte Quarzaufnehmer geringer Baugröße mit einer Eigenfrequenz von über 400 kHz (Typ 603B, Fa. Kistler) verwendet. Die Druckmeßeinrichtung wurde vom BICT zur Verfügung gestellt.

Um nicht den Luftdruckverlauf in der reflektierten Welle zu erfassen, wurde die Aufnehmerfläche nicht senkrecht, sondern parallel zur Ausbreitungsrichtung der Druckwelle ausgerichtet. Dazu wurde der Aufnehmer in einen langen, lanzenartigen auf den Detonationsort weisenden Kegel montiert, so daß die aktive Aufnehmerfläche bündig mit der Mantelfläche des Kegels lag (siehe Abbildung 5). So prallt die Luftdruckwelle nicht auf die Aufnehmerfläche und wird reflektiert, sondern überstreicht sie.

Ein zusätzlicher Druckaufnehmer wurde rd. 100 mm näher zum Detonationsort postiert. Er sollte bei Ankunft der Druckwelle einen Impuls abgeben, mit dessen Hilfe der Registriervorgang sämtlicher Meßwertspeicher gleichzeitig gestartet wurde. So wird gewährleistet, daß die Meßeinrichtung bei Eintreffen der Luftdruckwelle am eigentlichen Aufnehmerort empfangsbereit ist.

Durch die zwar geringen, jedoch nicht vernachlässigbaren Abmessungen der aktiven Fläche des Luftdruckaufnehmers entsteht beim Überstreichen der steilen Wellenfront infolge ihrer endlichen Laufzeit eine verfälschte Meßkurve, welche abgerundete Extremwerte und geringere Steilheit als der wirkliche Luftdruckverlauf aufweist.

Geht man von der Annahme aus, daß die Front einer Luftdruckwelle mit dem unter Abschnitt 2.1 beschriebenen idealisierten Verlauf

$$p(t) = \hat{p}(1- \frac{t}{t_o}) \cdot e^{-\frac{t}{t_o}}$$ $\hat{p}$: Druckspitzenwert

die kreisförmige Aufnehmerfläche mit einer konstanten Geschwindigkeit v von rd. 340 m/s überstreicht (siehe Abbildung 6), so erhält man als elektrisches Ausgangssignal des Aufnehmers bzw. als Meßwert den im folgenden hergeleiteten Verlauf.

In genügend großer Entfernung vom Detonationsort wird die Wellenfront unter Berücksichtigung der Größe der Aufnehmeroberfläche A_o als eben angesehen. Die Funktionsgleichung des über die konstante Ausbreitungsgeschwindigkeit ins Räumliche transformierten Druckverlaufs wird

$$p(X,x) = \hat{p} \cdot (1 + \frac{X-x}{x_o}) \cdot e^{\frac{X-x}{x_o}}$$

mit $x_o = v \cdot t_o$ und $x = v \cdot t$, vgl. Abbildung 6.

Die resultierende Momentankraft F(x) ergibt sich, indem die räumliche Druckkurve über die vom Ausbreitungsfortschritt abhängige Teilfläche A(x) der Aufnehmermembran integriert wird:

$$F(x) = \iint_{A(x)} p(X,x) \quad dXdY$$

mit der Begrenzung des Gebietes

$$A(x): \begin{cases} 0 \leq X \leq x \\ -\sqrt{r_o^2 - (X-r_o)^2} \leq Y \leq +\sqrt{r_o^2 - (X-r_o)^2} \end{cases} .$$

Bei der hier getroffenen Annahme einer ebenen Wellenfront sei der Wertebereich des räumlichen Druckprofils

$$-\infty < Y < +\infty$$
$$-\infty < X \leq x \quad .$$

Damit ergeben sich die Gebietsintegrale

$$F(x) = \int_{o}^{x} \left[\int_{-\psi(X)}^{+\psi(X)} \hat{p}\left(1+\frac{X-x}{x_o}\right)\cdot e^{\frac{X-x}{x_o}} \, dY \right] dX \quad \text{für } o \leqq x \leqq 2r_o$$

und

$$F(x) = \int_{o}^{2r_o} \left[\int_{-\psi(X)}^{+\psi(X)} \hat{p}\left(1+\frac{X-x}{x_o}\right)\cdot e^{\frac{X-x}{x_o}} \, dY \right] dX \quad \text{für } x > 2r_o$$

mit $\psi(X) = \sqrt{r_o^2-(X-r_o)^2}$.

Die Auflösung führt zu einem Integral vom Faltungstyp

$$F(x) = 2\hat{p} \cdot \int_{o}^{x} \sqrt{-X^2+2Xr_o} \cdot \left(1-\frac{x-X}{x_o}\right)\cdot e^{-\frac{x-X}{x_o}} \, dX$$

und

$$F(x) = 2\hat{p} \cdot \int_{o}^{2r_o} \sqrt{-X^2+2Xr_o} \cdot \left(1-\frac{x-X}{x_o}\right)\cdot e^{-\frac{x-X}{x_o}} \, dX \quad \text{für } x > 2r_o \; .$$

Das elektrische Ausgangssignal des Druckaufnehmers beinhaltet allerdings einen Bezug auf seine gesamte aktive Fläche A_o. Es ergibt sich die dem Meßwert proportionale elektrische Ausgangsspannung

$$u \sim \text{obs } p = \frac{F(x)}{A_o} \; .$$

Die Rücktransformation in die Zeitabhängigkeit erfolgt wiederum über die konstante Ausbreitungsgeschwindigkeit v. In Abbildung 7 sind die Verläufe von obs p und dem idealisierten, den Aufnehmer überstreichenden Druck gegenübergestellt.

Bei einer Fortpflanzungsgeschwindigkeit von rd. 340 m/s und einem Durchmesser $d_o = 2r_o = 5{,}5$ mm der kreisförmigen Aufnehmerfläche ergibt sich eine theoretische Verflachung der angenommenen Kurve mit einem Fehler in der Spitzenwertmessung von rd. 10 %. Dieser Fehler verringert sich bei in der Praxis auftretenden Druckverläufen mit endlicher Anstiegsrate sowie bei größerer Ausbreitungsgeschwindigkeit v.

4.2.2 Anpasser

Als Anpasser wurden Ladungsmeßverstärker des BICT, Typ 5001, Fa. Kistler, verwendet, die eine obere Grenzfrequenz von 180 kHz aufwiesen.

4.2.3 Ausgeber

Um die hochfrequenten Signale direkt aufzuzeichnen, wurde als Ausgeber ein 2-kanaliger digitaler Datenspeicher (digitales Speicheroszilloskop), Typ 1093A, Fa. Nicolet, verwendet. Dieses Gerät weist folgende herausragende Merkmale auf:
- Oszillografenbildschirm
- hohe zeitliche Auflösung (min. 0,5 µs zwischen 2 Zeitpunkten)
- hohe amplitudenmäßige Auflösung (4096 Schritte ≙ 12 bit)
- großer Speicherumfang (4096 Punkte ≙ 4 K)
- Digital- und Analogausgänge.

Eine 6-kanalige Puls-Code-Modulation (PCM)-Datenerfassungsanlage, Typ 3K12, Fa. Johne & Reilhofer, mit maximal 3 Datenkanälen und einer Amplitudenauflösung von 12 bit mit Magnetband und weit niedrigerer oberer Grenzfrequenz wurde als Permanent-Speicher an den Ausgang des digitalen Speicheroszilloskops gekoppelt, so daß die während des Stoßversuchs schnell gewonnenen Meßwerte langsamer weitergeleitet und bleibend registriert werden können.

4.3 Messung der Betondehnungen

4.3.1 Dehnungsaufnehmer

Als Aufnehmer wurden 24 sogenannte Dehnungstransformatoren der Firma Meßdata verwendet. Wie Abbildung 8 zeigt, handelt es sich hierbei im I-Stahlträger mit Stegeinschnürung, auf die Dehnungsmeßstreifen (DMS) in Vollbrückenschaltung appliziert sind. Die Auswahl dieses Typs erfolgte ohne Einfluß des Instituts für Bauforschung.

Diese Dehnungsaufnehmer wurden in die Bunkerwände sowie in Decke und Sohle einbetoniert, und zwar an signifikanten Stellen bei unterschiedlicher Orientierung, um an diesen Stellen die x-, y- und z-Komponente der Dehnungswelle zu erfassen.

In Tabelle 1 und Abbildung 1 bis 4 werden Lage und Orientierung der einzelnen Aufnehmer verdeutlicht. Stellenweise wurden an einem Meßort bis zu drei Meßelemente angeordnet.

Damit die zwischen den Bewehrungsstäben lagerichtig fixierten Aufnehmer während des Betoniervorgangs nicht beschädigt wurden, sind sie von einem Schutzkäfig umgeben worden. Von Interesse ist das Dehnungsverhalten in Wandmitten und Ecken. Zur Beobachtung der Fortpflanzung der Dehnungswelle wurden zwei Aufnehmer in Ausbreitungsrichtung hintereinanderliegend installiert.

Da über die Zuverlässigkeit der einbetonierten Dehnungsaufnehmer der Firma Messdata noch keine endgültige Klarheit herrschte, wurden vier für den Bunkerbau nicht benötigte Aufnehmer im Labor untersucht. Sie arbeiteten einwandfrei bei langsam dynamischer Beanspruchung und zeigten bei Biegebeanspruchung wie vorgesehen weitgehend kein Ausgangssignal.

Es wurde jedoch sowohl theoretisch als auch experimentell nachgewiesen, daß die vom Hersteller angegebene Empfindlichkeit (Änderung der Meßspannung je Dehnungseinheit) falsch ist.

Die Aufnehmer wurden einzeln in einer Prüfmaschine in Stufen belastet und somit verformt. Diese Verformung wurde zum einen durch den Aufnehmer selbst gemessen, zum anderen durch 4 Meßuhren. Der funktionelle, lineare Zusammenhang zwischen Aufnehmer- und Meßuhrenwerten wurde mit Hilfe einer Regressionsrechnung bestimmt. Die Steigung der Regressionsgeraden, die zu 1.47 mV/V (Mittelwert) je mm/m Stauchung mit Bestimmtheitsmaßen B > 98,5 % ermittelt wurde, ist hier ein Maß für die Empfindlichkeit des Aufnehmers.

Bei den folgenden Versuchsauswertungen wurde mit diesem Empfindlichkeitswert gerechnet.

4.3.2 Anpasser

Als Anpasser wurden gemäß der Ausführung unter Abschnitt 4.1 Meßverstärker mit geeignet hoher Grenzfrequenz entwickelt. Es handelte sich dabei um 6 zweistufige Gleichspannungsverstärker mit getrennt und in 3 Stufen einstellbarem Verstärkungsfaktor zwischen 200 und 1000 sowie hochstabiler Stromversorgung. Jede der Verstärkerstufen wurde mit dem Operationsverstärker Typ 3400A, Fa. burr+brown, dessen Vorzüge in der sehr hohen Grenzfrequenz und der internen Schwingungskompensation liegen, bestückt.

Die Differenzeingänge der Operationsverstärker 3400A wurden durch eine Antiparallelschaltung zweier Dioden und jeweilige zusätzliche hochohmige Masseanknüpfung vor zu hohen Eingangsspannungen bzw. statischer Aufladung geschützt.

Um einen optimalen Frequenzgang des Verstärkungsfaktors im Bereich bis 1 MHz (3 dB) bzw. bis mindestens 500 kHz (1 %) zu erzielen, wurde eine Frequenzgangkorrektur vorgenommen: Parallel zum Gegenkoppelungswiderstand der zweiten Verstärkerstufe wurden Kondensatoren mit empirisch gefundenen, sehr geringen Kapazitätswerten (z. T. unter 1 pF) eingeschaltet.

So konnte gewährleistet werden, daß für den im Betrieb auftretenden Frequenzbereich bis max. 150 kHz annähernd konstante Verstärkungs-und Phasenverhältnisse vorliegen.

Die Frequenzgänge wurden je Verstärker und je Verstärkungsstufe nach Betrag und Phase mit einem Funktionsgenerator (Typ 7260, Fa. Hewlett & Packard) sowie mit einem HF-Voltmeter (Typ SM-1, Fa. Wandel & Goltermann) ermittelt. Gleichzeitig wurde mit Hilfe eines Oszilloskops (Typ 7403N, Fa. Tektronix) rein qualitativ die Kurvenform von Verstärkereingangs- und Ausgangsspannung beobachtet und auf eventuelle verstärkerbedingte Verzerrungen untersucht.

Um bei den hohen auftretenden Signalfrequenzen Kopplungen der 6 Meßkanäle untereinander zu verhindern, wurden jeweils Meßverstärker und Signalleitung einzeln abgeschirmt. Zusätzlich wurden sämtliche Stromzuführungen bei Einführung in die einzelnen Verstärkergehäuse mit einer Kapapzität von 10 µF nach Masse abgeblockt.

Das elektrische Schaltbild enthält Abbildung 9, während die Frequenzgänge der Verstärkungsfaktoren für einen Meßverstärker exemplarisch in Abbildung 10 verzeichnet sind.

4.3.3 Ausgeber

Die Meßwertausgabe erfolgte auf die übrigen Kanäle der unter Abschnitt 4.2.3 beschriebenen Ausgeber.

Die Abbildungen 11 und 12 zeigen die Blockbilder der Meßketten für die Druck- und Dehnungsmessung mit Angabe der zur Ermittlung der Meßgrößen erforderlichen Umrechnungsvorschriften.

5. VERSUCHSDURCHFÜHRUNG

5.1 Lage der Sprengstoffladung

Wegen der Größe des Bunkerinnenraums und der damit verbundenen relativ großen Entfernungen vom Mittelpunkt - dem für die eigentliche Verwendung des Bunkers vorgesehenen Detonationsort - zu allen Wänden mit den einbetonierten Dehnungsaufnehmern ergibt sich hier bei erlaubten Sprengstoffmassen von max. 5 kg Hexogen kaum eine meßbare Reaktion nach einer Detonation.

Deshalb wurde der Detonationsort in den verschiedenen Versuchen in die Nähe bestimmter Wände verlagert. Allerdings konnten so niemals alle Aufnehmer, sonderen es konnte nur die in den gerade betroffenen Wänden befindliche Aufnehmergruppe zur Dehnungsmessung herangezogen werden.

Die Sprengstoffladungen wurden mittels Drahtaufhängung in die jeweils geplanten Abstände zu Wänden und Fußboden gebracht. Diese endgültige Lage wurde vermessen und protokolliert.

Danach erfolgten Aufstellung und Vermessung der Luftdruckaufnehmer. Ihr Abstand zur Sprengladung wurde im allgemeinen etwa so groß gewählt wie der von der Ladung zur jeweils nächstliegenden belasteten Wand. So wird zum einen die zeitgerechte Auslösung der Registriervorrichtung ermöglicht und zum anderen der diese Wand beanspruchende Luftdruck p(t) in der aktuellen Entfernung zur Sprengladung erfaßt.

Die Bereitstellung des Sprengstoffes sowie die Auslösung der Detonation erfolgte allein durch Mitarbeiter des BICT.

Die für jeden Versuch gewählte Lage der Ladung L und der verwendeten Luftdruckaufnehmer p ist aus den unmaßstäblichen Skizzen (Abb. 13 bis 48) ersichtlich.

5.2 Überwachung der Dehnungsaufnehmer

Wegen der Befürchtung, daß sich bei der Stoßbelastung der Dehnungsaufnehmer die aufgeklebten Dehnungsmeßstreifen (DMS) lösen, wurden die elektrischen Nullpunkte der Aufnehmer vor und nach jeder Detonation mit einem manuellen Kompensator (Typ MK, Fa. Hottinger Baldwin Meßtechnik) überprüft. Hieraus wäre ein eventuelles Ablösen mit bleibender Verformung des DMS erkennbar. Die Messungen ergaben größtenteils vernachlässigbar geringe Werte von max. 3 µm/m, bei 4 Aufnehmern zeigten sich jedoch nach einigen Detonationen derartig starke bleibende Verformungen, daß sie für Messungen nicht mehr herangezogen werden konnten: Die Wheatstone'sche Brücke der DMS ließ sich nicht mehr abgleichen.

Von den insgesamt vorgesehenen 24 Dehnungsaufnehmern waren bereits durch die Betonierarbeiten 4 bis zur Unbrauchbarkeit beschädigt worden, so daß bis zum Abschluß der Versuche ein Drittel ausgefallen war.

6. WEITERVERARBEITUNG DER MESSWERTE

Wegen der begrenzten Kapazität des digitalen Speicheroszilloskops (s. Abschn. 4.2.3) konnte dieses lediglich als Zwischenspeicher für je einen Detonationsversuch fungieren. Die Meßwertverläufe wurden sofort nach Speicherung auf einen umfangreicheren Permanentspeicher (Magnetband) übertragen (Puls-Code-Modulations (PCM)-Datenerfassungsanlage, s. Abschn. 4.2.3). Mit dieser Anlage ließen sich die Meßwerte wegen zu geringer Bandbreite nicht direkt während des Versuches registrieren, sondern lediglich vom Kurzzeitspeicher mit kleinerer Datenrate. So konnten sämtliche Druck- und Dehnungsverläufe aller durchgeführten Versuche auf einem Magnetband Platz finden.

Nach abgeschlossener Versuchsserie erfolgte die Übertragung der Meßwerte von dem Magnetband der PCM-Anlage über ein Interface in den ibac-Kleinrechner PDP 8/e. Hier wurden dann unter Berücksichtigung der bei den Versuchen eingestellten Verstärkungsfaktoren und Meßbereiche für Zeit, Luftdruck und Betondehnung diejenigen Datensätze erstellt, die die einzelnen Kurvenverläufe in Form von einheitsrichtigen Zahlen enthalten und damit erst zur eigentlichen Versuchsauswertung herangezogen werden können.

7. DARSTELLUNG UND DISKUSSION DER VERSUCHSERGEBNISSE

7.1 Allgemeines

Von grundsätzlichem Interesse ist der Zusammenhang zwischen Belastung und Verformung.

Wegen der Kostspieligkeit von Material und Personal bei der Durchführung von dynamischen Vielstellenmessungen konnten nur relativ wenige Versuche durchgeführt werden. Ferner trägt die Streuung der Meßergebnisse mit dazu bei, daß einige Zusammenhänge quantitativ noch nicht gesichert scheinen, wenngleich Tendenzen erkennbar sind.

Derartige Streuungen können verursacht worden sein durch

- nichtkugelige Sprengstoffladung mit außermittigem Zünder

- Inhomogenitäten des Sprengstoffs, hervorgerufen durch Überalterung

- nichtkugelige, ungleichmäßige Ausbreitung der Druckfront

- Reflexionen am Fußboden, an Wänden und ggf. an Gegenständen der Meßeinrichtung (Ständer, Befestigungsschellen o. ä.), hervorgerufen durch die räumliche Anordnung.

Abbildungen 13 bis 48 enthalten für jeden Versuch Informationen über Lage, Art und Nummer der Aufnehmer sowie über Lage und Masse der Sprengstoffladung.

Abbildungen 49 bis 142 enthalten die entsprechenden Meßwertkurven.

7.2 Luftdruckverläufe

Die zeitlichen Luftdruckverläufe entsprechen in erster Näherung der unter Abschn. 2.1 beschriebenen Form.

Die Meßzeit betrug im allgemeinen rd. 2 ms, wobei sich der Druckanstieg bis zum Spitzenwert in rd. 10 bis 15 µs vollzog.

Das Auftreten mehrerer Spitzen, zum Teil mit Druckerhöhung gegenüber dem ersten Maximum, ist auf die bereits unter Abschnitt 7.1 erwähnten Reflexionen zurückzuführen.

Im folgenden sind einige charakteristische Eigenschaften, die während der Versuche beobachtet wurden, zusammengestellt.

7.2.1 Spitzenwerte

Die Druckspitzenwerte sowie die zugehörigen Sprengstoffmassen und Abstände zwischen Detonations- und Meßort enthält Tabelle 2. Hierin sind zum Vergleich die nach /10/ theoretisch aufgrund von Masse und Abstand zu erwartenden Höchstwerte aufgeführt. Für eine grafische Darstellung wurde der Zusammenhang zwischen gemessenen Druckspitzenwerten $\hat{p}$ und bezogenen Abständen

$$z = \frac{R}{\sqrt[3]{m}} \quad , \quad [z] = \frac{m}{\sqrt[3]{kg}}$$

mit R: Abstand zwischen Detonations- und Meßort,
m: Sprengstoffmasse, TNT

gewählt (s. Abb. 143).

Die Meßwerte befinden sich im Rahmen des theoretisch zu Erwartenden.

7.2.2 Ausbreitungsgeschwindigkeiten

Die mittleren Ausbreitungsgeschwindigkeiten

$$\bar{v} = \frac{R_2 - R_1}{\Delta t}$$

mit R_1, R_2: Abstände zwischen Detonationsort und Meßorten 1 und 2,

Δt : Laufzeit vom Eintreffen der Druckfront am Meßort 1 bis zum Eintreffen am Meßort 2

sowie die zugehörigen Sprengstoffmassen und mittleren Abstände

$$\bar{R} = \frac{R_1 + R_2}{2}$$

zwischen Detonationsort und Meßstrecke enthält Tabelle 3.

Abbildung 144 enthält eine grafische Darstellung des Zusammenhanges zwischen $\bar{v}$ und

$$z = \frac{\bar{R}}{\sqrt[3]{m}} .$$

Hierbei handelt es sich um diejenige Masse m, die theoretisch (nach /10/ bzw. Abb. 143) aufgrund des gemessenen Druckspitzenwertes vorgelegen haben müßte.

7.2.3 Druckanstiegsraten

Die mittleren Anstiegsraten $\bar{\dot{p}}$ des Luftdruckes in der Druckfront sind in Tablle 4 zusammengestellt. Hierunter ist die Steigung des näherungsweise geradlinigen Druckverlaufs in der Wellenfront, welcher zahlenmäßig vorliegt, zu verstehen.

Zugehörige Parameter wie Sprengstoffmasse und Abstand vom Detonationsort entsprechen denen aus Tabelle 2.

Für die grafischen Darstellungen wurden zum einen (Abb. 145) tatsächliche Sprengstoffmassen und zum anderen (Abb. 146) theoretische, wie unter Abschnitt 7.2.2 beschriebene Sprengstoffmassen zur Bestimmung des bezogenen Abstands z herangezogen.

7.3 Dehnungsverläufe

Da für die Versuche im Meßbunker nur eine relativ geringe Sprengstoffmasse zugelassen war, ergaben sich auch nur geringe Dehnungen des Betons. Die Meßzeit betrug im allgemeinen rd. 2 bis 20 ms bei geringerer Signalbandbreite. Es ist ersichtlich, daß sich auch geringe Meßsignale von nur wenigen µm/m noch aus dem Verstärkerrauschen hervorheben.

Die Reproduzierbarkeit einzelner Verläufe bei annähernd gleichartigen Belastungen und räumlichen Ladungsanordnungen erweist sich als gut.

Im folgenden werden Zusammenhänge zwischen Extremwerten von Belastungen und Verformungen sowie von Verformungen untereinander an verschiedenen Orten aufgezeigt.

7.3.1 Dehnung in der Bodenplatte, ε_{15}

Der Dehnungsaufnehmer Nr. 15 ist das einzige noch funktionstüchtige Meßelement in der Bodenplatte.

Die gemessenen Dehnungsverläufe weisen im allgemeinen ein relativ kurzes, hochfrequentes Schwingspiel um die Nullage mit starker Dämpfung auf, was durch die Auflage auf den Erdboden erklärt werden kann: Eine Möglichkeit zur freien Biegeschwingung ist nicht gegeben.

Die Untersuchungen wurden bei 3 verschiedenen Lagen der Sprengstoffladung durchgeführt. Tabelle 5 enthält neben einer Beschreibung dieser Lagen die Extremwerte und Schwingbreiten von ε_{15} sowie die Luftdruckspitzenwerte, welche senkrecht unter der Ladung auf Bodenhöhe vorlagen.

Befand sich der Druckaufnehmer in einem anderen Abstand von der Ladung als die Bodenfläche, so wurde der Druck auf Bodenhöhe aus dem gemessenen Druck unter Zuhilfenahme des Entfernungsgesetzes in /10/ (vgl. auch Abb. 143) hergeleitet.

In Abbildungen 147 bis 150 sind die Zusammenhänge grafisch wieder-gegeben, wobei der Luftdruck auf Bodenhöhe zum einen (Abb. 147 und 148) aus dem gemessenen Druck und zum anderen (Abb. 149 und 150) aus dem von der Sprengstoffmasse her theoretisch zu erwartenden Druck hergeleitet wurde.

In erster Näherung liegt linearer Zusammenhang zwischen Belastung und Verformung vor, was bei den hohen Beanspruchungsgeschwindigkeiten und den relativ geringen Last- und Verformungswerten möglich ist.

Bei einer Ladungsanordnung nach (1) werden bei gleichgroßen Drücken die größten Verformungen hervorgerufen, da die Lasteinleitung im wesentlichen in Plattenmitte erfolgt.

7.3.2 Dehnungen in der Seitenwand, ε_{17}, ε_{18} sowie ε_{10}

Die Aufnehmer Nr. 10, 17 und 18 sind in Ausbreitungsrichtung der Stoßwelle orientiert. Dabei sind die Aufnehmer 17 und 18 in der Seitenwand WA1 hintereinander angeordnet, während sich Aufnehmer 10 in der Seitenwand WA3 genau gegenüber von Aufnehmer 18 befindet.

Die gemessenen Dehnungsverläufe ε_{17} weisen im allgemeinen eine einmalige kräftige Stauchung, überlagert von geringeren, höherfrequenten Schwingungen auf. Diese entstehen vermutlich dadurch, daß die induzierte Dehnungswelle im Betoninneren infolge von Reflexionen an den Randflächen mit großer Geschwindigkeit hin- und herläuft.

Damit ist auch der Verlauf von ε_{18} zu erklären: Eine Zug-Druck-Schwingung mit mehreren Schwingspielen durch die Nullage mit Frequenz und Amplitude, die denen der überlagernden Schwingung in ε_{17} entsprechen. Diese Erscheinung kann bei zu großen Dehnungen an der Wandaußenseite (ε_{18}, ε_{10}) zu schalenförmigen Abplatzungen führen (vgl. Abschn. 2.1).

Die Untersuchungen wurden bei 4 verschiedenen Lagen von Sprengstoffladung und Druckaufnehmer durchgeführt. Tabelle 6 enthält neben einer Beschreibung dieser Lagen die Extremwerte der Dehnungen sowie die Luftdruckspitzenwerte vor der Seitenwand.

In Abbildungen 151 und 152 sind die Zusammenhänge grafisch wiedergegeben, wobei der Luftdruck vor der Wand ggf. aus dem gemessenen Druck hergeleitet wurde.

Auch hier kann linearer Zusammenhang zwischen Belastung und Verformung in erster Näherung angenommen werden.

Die Anordnungen (1), (2) und (3) bewirken scheinbar größere Verformungen bei gleichem Druck als die Anordnung (4). Diese Erscheinung ist nicht plausibel und kann dadurch erklärt werden, daß infolge von Bodenreflexionen in Entfernungen bei (1), (2), (3) höherer Druck vor WA1 geherrscht hat als der hier angesetzte, welcher nach Messung in Ladungsnähe (R ~ 1 m) unter der Bedingung der reflexionsfreien Ausbreitung für eine Entfernung von rd. 2 bis 3 m hergeleitet wurde.

Der wahre Zusammenhang ist vermutlich den Ergebnissen der Versuche mit Anordnung (4) zu entnehmen, denn hier konnten sich wegen der kurzen Abstände keine Reflexionen auswirken.

Unter der Voraussetzung des linearen Zusammenhanges zwischen Belastung und Verformung kann mit den Werten unter Anordnung (4) als Regel nachvollzogen werden, welche Druckspitzen tatsächlich vor WA1 geherrscht haben müssen.

Es ist ferner daraus zu schließen, daß unter Ausnutzung von Reflexionen (z. B. des Bodens) mit geringeren Ladungsmengen über einen größeren Ausbreitungsweg gleichhohe Druckspitzen erzeugbar sind wie mit größeren Ladungsmengen über einen kurzen, direkten Ausbreitungsweg.

Der Zusammenhang zwischen den Verformungen der Aufnehmer 17 und 18 ist in Abbildung 153 grafisch dargestellt. Hier sind Schwingbreiten an der Wandaußenseite (ε_{18}, ε_{10}) über den Stauchungsspitzenwerten an der Wandvorderseite (ε_{17}) aufgetragen, und es ist direkte Proportionalität zumindest im untersuchten Wertebereich ansetzbar.

7.3.3 Dehnungen in einer Wandecke, ε_4, ε_5, ε_6, ε_7, ε_9, ε_{23}

Die Außenseite einer Wandecke wird beim Aufprall einer Druckfront, welche von einer auf der Winkelhalbierenden befindlichen Sprengstoffladung ausgeht, infolge von Reflexionen an den zur Ecke führenden Wänden und damit verbundenen Druckerhöhungen erheblich beansprucht.

Die gemessenen Dehnungsverläufe weisen im allgemeinen relativ niederfrequente, auf die Bewegung der gesamten Wand zurückzuführende Schwingungen auf, denen höherfrequente, durch betoninnere Wellenbewegungen hervorgerufene Schwingungen überlagert sind.

Die Untersuchungen wurden bei 4 verschiedenen Lagen der Sprengstoffladung durchgeführt. Tabelle 7 enthält neben einer Beschreibung dieser Lagen die Extremwerte der Dehnungen sowie die Luftdruckspitzenwerte.

Diese konnten in der Ecke nicht ermittelt werden und sind auch aus an anderen Orten gemessenen Verläufen kaum zu konstruieren. Zum Vergleich der Dehnungswerte wurden deshalb die Drücke in einem Abstand von 1 m, hergeleitet aus den Meßwerten, herangezogen.

In Abbildung 154 sind die Zusammenhänge grafisch dargestellt.

Zu erkennen sind lediglich die Größenordnungenn der Dehnungen. Eine Aussage über eine Gesetzmäßigkeit erlauben die relativ wenigen Versuche noch nicht.

7.3.4 Dehnungen in Plattenmitte (Wand WA4 und Decke), ε_1, ε_2 sowie ε_{20}, ε_{21}, ε_{22}

Die Aufnehmer Nr. 1 und 2 befinden sich in der Mitte der Stirnwand WA4, wobei Nr. 1 quer zur und Nr. 2 längs der Ausbreitungsrichtung der Druckwelle orientiert sind.

Die Aufnehmer Nr. 20, 21 und 22 befinden sich in der Mitte der Deckenplatte. Hier sind Nr. 20 längs der und Nr. 21 und 22 quer zur Ausbreitungsrichtung orientiert, wobei Nr. 21 in Längs- und Nr. 22 in Querrichtung der Platte weisen.

Die gemessenen Dehnungsverläufe ε_2 und ε_{20} ähneln einander: Es handelt sich in beiden Fällen um eine relativ hochfrequente, im Wandinnern hin- und herpulsierende Dehnungswelle (s. auch $\varepsilon_{18}(t)$), deren Frequenz vermutlich auf die Resonanz bei bestimmten Wanddicken zurückzuführen ist.

Die in Plattenebene liegenden Dehnungsaufnehmer (Nr. 1, 21, 22) zeigen relativ niederfrequente abklingende periodische Schwingungen, die vermutlich von der Durchbiegung der gesamten Betonplatte herrühren.

Tabelle 8 enthält die Extremwerte der Dehnungen, nach Wand und Decke getrennt, sowie die aus Messungen hergeleiteten Luftdruckspitzenwerte vor der jeweiligen Betonoberfläche.

In Abbildungen 155 bis 158 sind diese Dehnungsmaxima und -minima sowie die Schwingbreiten jeweils in Abhängigkeit von den Luftdruckspitzenwerten grafisch dargestellt.

Es fällt auf, daß die Dehnungswerte aus Versuch I/10 in Verbindung mit dem relativ geringen Luftdruck als Ausreißer herausragen. Möglicherweise haben hier Reflexionen dazu beigetragen, daß es vor der Wand zu Drucküberhöhungen kam, oder aber es hat ein Fehler bei der Luftdruckmessung vorgelegen.

Die geschätzten und ebenfalls ausreißenden Werte aus Versuch II/10 wurden in den Abbildungen nicht berücksichtigt.

Anhand der Diagramme ist zu erkennen, daß es sich hier ebenfalls im untersuchten Wertebereich um einen näherungsweise linearen Zusammenhang zwischen Belastung und Verformung handelt, obgleich sich für größere Verformungen bereits eine leichte Krümmung andeutet.

Bei gleichem Luftdruck erweisen sich die Dehnungen in der Deckenplatte deutlich größer als die in der kleineren Stirnwand.

In Abbildung 159 sind die Schwingbreiten der Aufnehmer längs der Ausbreitungsrichtung denen der Aufnehmer quer zur Ausbreitungsrichtung gegenübergestellt. Es sind im untersuchten Wertebereich für die einzelnen Paarungen näherungsweise konstante Verhältnisse zwischen Längs- und Querverformungen entnehmbar.

Darüberhinaus ergibt sich ein konstantes Verhältnis zwischen den beiden in Deckenebene auftretenden Dehnungen ε_{21} und ε_{22}, was in den Abmessungen der rechteckigen Deckenplatte begründet ist. Da ε_{22} in Querrichtung der Decke liegt, muß hier bei konstantem Wert für die Durchbiegung bzw. für ε_{20} eine größere Dehnung auftreten als bei ε_{21}.

8. ABSCHÄTZUNG VON MATERIALSPANNUNGEN

8.1 Ermittlung des E-Moduls

In erster Linie interessiert die Größe der Zugspannungen, da eher mit einem Zugbruch (Abplatzungen) als mit einem Druckbruch zu rechnen ist.

Voraussetzung für die Bestimmung von Materialspannungen aus den gemessenen Dehnungen ist die Kenntnis des E-Moduls. Dieser weist eine Abhängigkeit von der Belastungs- bzw. Verformungsgeschwindigkeit auf, was bei mehreren Untersuchungen festgestellt wurde /1, 30, 41 bis 44/. Diese Ergebnisse sind für verschiedene Betone in Abbildung 160 zusammengefaßt. Bei der einheitlichen Tendenz kann somit für den Bunkerbeton eine Extrapolation in den hochdynamischen Bereich erfolgen, ausgehend von dem im quasistatischen Versuch gemessenen E-Modul von rd. 23000 N/mm^2. Die Verformungsgeschwindigkeit $\dot{\varepsilon}$ betrug hierbei rd. 0,02 ‰/s.

Dieser Wert gilt für ein Betonalter von 1750 Tagen. Zur Zeit der Versuchsserien betrug das Alter 870 bzw. 1100 Tage, so daß dann nach /45/ ein Wert von rd. 22900 N/mm^2 vorlag. Weitere Werte dieses Betons wurden bei höheren Verformungsgeschwindigkeiten experimentell ermittelt und ebenfalls in Abbildung 160 eingetragen.

Die Extrapolation (gestrichelte Linie in Abbildung 160) in den Bereich der bei den Versuchen aufgetretenen Verformungsgeschwindigkeiten von rd. 100 bis 1000 ‰/s ergibt einen dynamischen E-Modul von näherungsweise 28000 N/mm^2. Laufzeit- und Resonanzfrequenzmessungen mit Ultraschall an Probekörpern desselben Betons bestätigen diesen Wert.

8.2 Ermittlung der Längszugspannungen

Unter Längszugspannungen sind diejenigen Zugspannungen zu verstehen, die in Ausbreitungsrichtung der Druck- bzw. Dehnungswelle auftreten, die also bei Überschreiten der Zugfestigkeit Abplatzungen an den Wandflächen hervorrufen.

Die Spannungsspitzen lassen sich näherungsweise aus den gemessenen Dehnungswerten über das Hooke'sche Gesetz

$$\sigma = E \cdot \varepsilon$$

errechnen. Dabei wird angenommen, daß der Modul bei Zugbeanspruchung gleich dem bei Druckbeanspruchung ist.

Längsdehnungen wurden mit den Aufnehmern Nr. 4, 5, 6, 7, 9 (Wandecke), Nr. 17 (Wandinnenseite) sowie Nr. 2, 10, 18, 20 (Wandaußenseite) erfaßt. Die aufgetretenen Höchstwerte sind im folgenden zusammengestellt (vgl. auch Tabellen 6 bis 8):

Ecke:	14 µm/m	(Versuch I/14, ε_4)
Stirnwand: (WA4)	100 µm/m	(Versuch II/10, ε_2)
Decke:	23 µm/m	(Versuch II/14, ε_{20})
Seitenwand, innen: (WA1)	13 µm/m	(Versuch I/11, ε_{17})
Seitenwand, außen: (WA1)	12 µm/m	(Versuch II/3, ε_{18})

Geht man davon aus, daß die quer zu diesen Dehnungen liegende, nicht verlaschte Bewehrung das Belastungs-Verformungs-Verhalten in dieser Orientierung kaum beeinflußt, so lassen sich mit den unter Abschnitt 8.1 genannten E-Moduln von 28000 N/mm² an den Dehnungsmeßstellen aufgetretenen Zugspannungen abschätzen:

Ecke:	0,4 N/mm²	(Versuch I/14)
Stirnwand: (WA4)	2,8 N/mm²	(Versuch II/10)

Decke: 0,6 N/mm2 (Versuch II/14)

Seitenwand, innen: 0,4 N/mm^2 (Versuch I/11)
(WA1)

Seitenwand, außen: 0,3 N/mm^2 (Versuch II/3)
(WA1)

8.3 Ermittlung der Biegezugspannungen

Die entsprechenden Biegedehnungen nahe den zugbeanspruchten Oberflächen wurden im wesentlichen mit den Aufnehmern Nr. 15 (Boden), Nr. 21, 22 (Decke) sowie Nr. 1 (Stirnwand) erfaßt. Die aufgetretenen Höchstwerte sind im folgenden zusammengestellt (vgl. auch Tabellen 5 und 8):

Boden:	54 µm/m	(Versuch II/3, ε_{15})
Decke:	33 µm/m	(Versuch I/9, ε_{21})
Stirnwand: (WA4)	50 µm/m	(Versuch II/10, ε_1)

Für den noch nicht gerissenen Beton lassen sich wie in Abschnitt 8.2 die an den Dehnungsmeßstellen aufgetretenen Biegezugspannungen abschätzen:

Boden:	1,5 N/mm^2	(Versuch II/3)
Decke:	0,9 N/mm^2	(Versuch I/9)
Stirnwand: (WA4)	1,4 N/mm^2	(Versuch II/10)

8.4 Abschätzung der Betonfestigkeit und Vergleich mit aufgetretenen Zugspannungen

Da auch die Festigkeit eine Abhängigkeit von der Verformungsgeschwindigkeit aufweist /1, 30, 43/ (s. Abb. 161), muß eine Abschätzung ähnlich der für den E-Modul in Abschnitt 8.1 erfolgen.

Die mittlere quasistatische Würfeldruckfestigkeit des Bunkerbetons im Alter von 1750 Tagen betrug 49,4 bzw. 50,7 N/mm², zum Zeitpunkt der Druckversuche nach /45/ 48,5 bzw. 50 N/mm² ($\dot{\varepsilon} \approx 0,02$ bzw. 0,08 °/oo/s).

Wird entsprechend der Tendenz in Abbildung 161 in den Bereich höherer Verformungsgeschwindigkeiten (100...1000 °/oo/s) extrapoliert, so ergibt sich eine mittlere Druckfestigkeit bei Stoßbeanspruchung von näherungsweise 52 N/mm².

Der Zusammenhang zwischen Zug- und Druckfestigkeit für ein Betonalter von 28 Tagen kann gemäß /46/ ermittelt werden:

$$\beta_{Z28} = k \cdot \beta_{D28}^{2/3}$$

mit k = 0,25 (im Mittel).

Wird die unterschiedliche zeitliche Entwicklung der beiden Festigkeiten berücksichtigt, so folgt für die mittlere Zugfestigkeit bei Stoßbeanspruchung zum Zeitpunkt der Versuche näherungsweise

$$\beta_{Z1000} \approx 0,07 \cdot \beta_{Z1000} \approx 3,5 \text{ N/mm}^2.$$

Damit läßt sich folgender Vergleich anstellen:
Die bei bestimmten Prüfanordnungen erzielten maximalen Zugspannungen (vgl. Abschn. 8.2, 8.3 sowie Abb. 13 bis 48) befinden sich im Bereich 10...80 % der mittleren Zugfestigkeit bei Stoßbeanspruchung. Das bedeutet, daß bei dem aufgezeigten linearen Zusammenhang zwischen Belastung und Verformung eine rd. 10- bis 1,25-fache Druckspitze zu Abplatzungen bzw. Rissen führen kann.

Gemäß dem Entfernungsgesetz /10/ (s. auch Abb. 143) lassen sich damit für die einzelnen Versuche die gerade noch zulässigen Sprengstoffmassen oder aber die Mindestabstände zum Detonationsort abschätzen.

Bei großen Sprengstoffmassen ist darüberhinaus eine quasistatische Druckbeanspruchung des Bunkers infolge der Explosionsschwaden zu berücksichtigen.

9. ZUSAMMENFASSUNG

In die Wände eines für Sprengstoffuntersuchungen vorgesehenen Bunkers des Bundesinstituts für Chemisch-Technische Untersuchungen in Heimerzheim wurden unter Anleitung des ibac Dehnungsaufnehmer einbetoniert. Während der Bauarbeiten ist eine von der Bandbreite her geeignete Meßeinrichtung zur Ermittlung von Luftdruck und Betondehnungen konzipiert worden.

Die eigentliche Versuchsdurchführung erfolgte nach der Fertigstellung und Übergabe des Bunkers.

Da lediglich eine maximale Sprengstoffmasse von rd. 5 kg zugelassen war, konnten während der Detonationsversuche nur relativ kleine Dehnungen erzeugt werden, und die Aufnehmer konnten je Versuch nur gruppenweise zur Messung herangezogen werden.

Die Messungen des Luftdruckes und der Betondehnungen ergaben für konstante Versuchsanordnungen reproduzierbare Kurvenverläufe.

Es zeigten sich zum Teil gute Zusammenhänge zwischen Druck- und Dehnungsspitzenwerten sowie zwischen den Spitzenwerten von Dehnungen zusammenhängender Dehnungsaufnehmer.

Diese Zusammenhänge lassen sich nicht ohne weiteres verallgemeinern. Sie gelten allgemein für den hier betrachteten Bunker, da sie von seiner Geometrie, der Anordnung seiner Bewehrung, seiner Steifigkeit und seinen Lagerungsverhältnissen abhängig sind.

Die Untersuchungen haben ferner gezeigt, daß die Dehnungswerte wegen der Massenträgheit nicht nur auf Biegeschwingungen der gesamten Wände bzw. Decken- und Bodenplatten zurückzuführen sind, sondern auch vor allem auf höherfrequente Spannungs- und Dehnungswellen, welche sich im Innern des Betons fortpflanzen.

Aus den gemessenen Verformungsgeschwindigkeiten sowie aus experimentell ermitteltem quasistatischem E-Modul konnte ein E-Modul bei Stoßbeanspruchung abgeleitet werden. Über das Hooke'sche Gesetz ließen sich damit die vor allem an Wandaußenseiten aufgetretenen maximalen Zugspannungen abschätzen. Aus einem Vergleich dieser Zugspannungen mit der mittleren Zugfestigkeit bei Stoßbeanspruchung des Bunkerbetons läßt sich näherungsweise aussagen, bei welchen Druckspitzenwerten Abplatzungen oder Risse in den Wänden auftreten können.

10. LITERATURVERZEICHNIS

/1/ Krause, K.: Über den Einfluß der Belastungsgeschwindigkeit auf den Elastizitätsmodul des Mörtels und Betons. Dissertation TH Aachen 1973.

/2/ Baule, H.: Sprengerschütterungen - Messung und Beurteilung der Schadenwirkung auf Gebäude. VDI-Berichte Nr. 113, 1967.

/3/ Kern, G.: Verhalten von Stahlbetonplatten bei Beanspruchung durch Luftstoßwellen. Zivilschutz, Hefte 7, 8 und 12, 1964.

/4/ Schardin, H., Molitz, H. und Schöner G.: Wirkungen von Spreng- und Atombomben auf Bauwerke. Ziviler Luftschutz, Heft 12, 1954.

/5/ Rindner, R. M. und Wachtell, S.: Establishment of Safety Design Criteria for Use in Engineering of Explosive Facilities and Operations. Technical Report No. 3484, Picatinny, Arsenal, Dover, N. J. Jan.-Dec. 1965.

/6/ Robinson, C. S.: Explosions - Their Anatomy and Destructiveness. Mc. Graw Hill, New York, 1st Edition, 3rd Impression, 1944.

/7/ Williamson, G. R.: Response of Fibrous-Reinforced Concrete to Explosive Loadings. Technical Report No. 2-48, Dept. of the Army, Ohio River Division Lab., Corps of Engineers, Cincinnati, Jan. 1966.

/8/ Wild, R.: Messung des Spitzendruckes in detonativ erzeugten Luftstoßwellen. Bundesinstitut für Chemisch-Technische Untersuchungen, Az.: 2.3-9/3674/75.

/9/ Granström, S. A.: Loading Characteristics of Air Blasts From Detonating Charges. Transactions of the Royal Institute of Technology, Nr. 100, Stockholm 1956.

/10/ Structures to Resist the Effects of Accidental Explosions. Departments of the Army, the Navy, and the Airforce, June 1969, TM 5-1300, NAVFAC P397, AFM 88-22.

/11/ Wachtell, S.: Methods of Measurements of Structure Response to Blast Loads. N. Y. Academy of Science. Conference on Prevention of and Protection Against Accidental Explosion of Munitions, S. 743 bis 765, Oct. 1966. Technical Report No. 3484, Picatinny Arsenal, Dover, N. J., Jan.-Dec. 1965.

/12/ Johannson, C. H. und Persson, P. A.: Detonics of High Explosives. Academic Press, London und New York 1970.

/13/ Bamert, A. E.: Ein neues Verfahren zur Untersuchung der mechanischen Eigenschaften von Böden und Bauwerken durch Stoßbelastungen. Dissertation Nr. 430, ETH Zürich 1969.

/14/ Edwards, A. T. und Northwood, T. D.: Experimental Studies of the Effects of Blasting on Structures. The Engineer, Sept. 30, S. 538 bis 546, 1960.

/15/ Freund, H. U. und Geiger, W.: Untersuchungen zum Abplatzeffekt. Battelle-Institut Frankfurt, Beitrag zur Ballistik und Detonationsphysik, S. 215 bis 228, Bonn, Nov. 1975.

/16/ Geppert, R.: Druckstoßversuche an Betonplatten. Ernst-Mach-Institut Freiburg/Br., Bericht Nr. 5/71, März 1971.

/17/ Keenan, W. A.: Strength and Behaviour of Laced Reinforced Concrete Slabs Under Static and Dynamic Load. Technical Report R-620, Dept. of the Army, Picatinny Arsenal, Naval Civil Engineering Laboratory, Port Hueneme, Cal., Apr. 1969.

/18/ Levin, P.A.: Impulsmessungen unter Wasser. Technical Review (Brüel & Kjaer), Dt. Ausgabe, No. 4, Naerum/ Dänemark 1974.

/19/ Ritter, F.: Messungen bei Explosionen mit Nutzanwendung auf den Bergbau. VDI-Berichte, Band 69, 1925.

/20/ Studer, J.: Die Tragfähigkeit von Unterständen gegen Druckeinwirkungen von Nuklearwaffen. Techn. Mitteilungen für Sappeure, Pontoniere und Mineure, 37. Jahrg., Zürich Dez. 1972.

/21/ Paoli, R.: Explosions Nucléaires et Résistance des Matériaux. Annales des Ponts et Chaussées (Ministère des Travaux Publics et des Transports), 126e Année, No. 1, Paris Janvier - Février 1956.

/22/ Zerna, W.: Dynamische Beanspruchung von Reaktorgebäuden. Konstruktiver Ingenieurbau, Heft 13, Vulkan-Verlag, Essen 1974.

/23/ Nahmani, G.: Experimental Investigation of Scabbing Produced in Mild Steel Plates by Plane Stress Waves. Scientific Department, Israeli Ministry of Defence, Tel Aviv.

/24/ Rinehart, J. S.: On Fractures Caused by Explosions and Impact. Quarterly of the Colorado School of Mines, Vol. 55, No. 4, Golden/Colorado 1960.

/25/ Schall, R. und Thomer, G.: Zur Bestimmung dynamischer Zugfestigkeiten aus dem Abplatzeffekt. WTM 62, S. 366 bis 372, 1965.

/26/ Rüdenberg, R.: Über die Fortpflanzungsgeschwindigkeit und Impulsstärke von Verdichtungsstößen. Artilleristische Monatshefte Nr. 113, Mai 1916.

/27/ Krech, H.: Experimentelle Untersuchungen über Größe und zeitlichen Verlauf von Kraft und Durchbiegung beim Schlagbiegevsuch an Holz und ihren Zusammenhang mit der Durchschlagarbeit. Dissertation TH München, 1959.

/28/ Perry, E. S., Burns, N. H. und Thompson, J. N.: Behaviour of Concrete Beams Reinforced with Steel Plates Subjected to Dynamic Load. ACI-Journal, Oktober 1967.

/29/ Schneider, H.: Untersuchungen über das Verhalten von Holzwerkstoff-Platten bei Stoßbeanspruchung sowie über ihren dynamischen Elastizitäts- und Schubmodul. Holz, 24. Jahrg., Heft 2, Februar 1966.

/30/ Kordina, K.: Untersuchung des Trag- und Verformungsverhaltens von Stahlbetonplatten bei Impuls- und Kurzzeitbeanspruchung. Forschungsbericht des Inst. f. Baustoffkunde und Stahlbetonbau der TU Braunschweig, 1978.

/31/ Geppert, R.: Druckstoßversuche an vierseitig gelagerten Betonplatten. Ernst-Mach-Institut Freiburg/Br., Bericht Nr. 7/71, September 1971.

/32/ Grimminger, H.: Durchstoßversuch mit vollautomatischer Versuchsauswertung. Materialprüfung 11, Nr. 7, November 1969.

/33/ Popp, C.: Untersuchungen über das Verhalten von Beton bei schlagartiger Beanspruchung. DAfStB, Heft 281, Berlin 1977.

/34/ Hughes, B. P. und Watson, A. J.: Compressive Strength and Ultimate Strain of Concrete Under Impact Loading. Magazine of Concrete Research, Vol. 30, No. 105, Dezember 1978.

/35/ Reinhardt, H. W. und de Vries, A. W.: Bestimmung der Zugfestkeit von Beton unter schlagartiger Beanspruchung. Materialprüfung 20, Nr. 11, November 1978.

/36/ Rockschies, J.: Gesichtspunkte zur Messung stoßartiger Vorgänge, VDI-Bericht 135, 1965.

/37/ Milz, U.: Beschleunigungskompensierte Messung von Kraft, Masse und Drehmoment. Dissertation RWTH Aachen, 1980.

/38/ Northwood, T. D. und Crawfod, R.: Blasting Vibrations and Building Damage. The Engineer-Technical Contributors Section, Mai 1963.

/39/ Reusche, E.: Bautechnische Sicherheit gegen Explosionsdruck. Ziegelindustrie Heft 1, 1971.

/40/ Kentner, M., Müller-Rochholz, J. und Tischer, G.: Meßhaus innerhalb des Bundesinstituts für Chemisch-Technische Untersuchungen. Zentralblatt für Industriebau, Heft 6, Juni 1977.

/41/ Hermann, V.: Spannungs-Dehnungs-Linien von Leichtbeton. Dissertation RWTH Aachen, 1977.

/42/ Kunze, W. und Frank, Th.: Zum Belastungs-Verformungs-Verhalten von Beton während der laufenden Dauerschwinguntersuchung. Materialprüfung 20, Nr. 11, November 1978.

/43/ Rasch, Chr.: Spannungs-Dehnungs-Linien des Betons und Spannungsverteilung in der Biegedruckzone bei konstanter Dehngeschwindigkeit. Deutscher Ausschuß für Stahlbeton, Heft 154, Berlin 1962.

/44/ Teichen, K.-Th.: Über die innere Dämpfung von Beton. Schriftenreihe des Otto-Graf-Instituts der Universität Stuttgart, Heft 38, 1968.

/45/ Weber, J. W.: Empirische Formeln zur Beschreibung der Festigkeitsentwicklung und der Entwicklung des E-Moduls von Beton. Betonwerk+Fertigteil-Technik, Heft 12, 1979.

/46/ Wesche, K.: Baustoffe für tragende Bauteile, Bauverlag Wiesbaden und Berlin, Band 2, 2. Auflage, 1980.

Tabelle 1: Gegenüberstellung der Meßorte (Numerierung gemäß Abbildungen 1 bis 4) und der zugehörigen Dehnungsaufnehmer

Aufnehmer Nr.	Meßort Nr.	Orientierung	Bemerkungen
1	2	X	funktionstüchtig
2	2	Z	"
3	2	Y	funktionsuntüchtig xx)
4	10	X	funktionstüchtig
5	10	Z	"
6	8	Z	"
7	8	X	"
8	9	X	funktionsuntüchtig xx)
9	9	Z	funktionstüchtig
10	6	X	"
11	6	Y	funktionsuntüchtig xx)
12	6	Z	" x)
13	5	Z	" x)
14	3	Y	" x)
15	3	Z	funktionstüchtig
16	3	X	funktionsuntüchtig x)
17	11	X	funktionstüchtig
18	1	X	"
19	1	Y	funktionsuntüchtig x)
20	4	Y	funktionstüchtig
21	4	Z	"
22	4	X	"
23	7	X	"
24	7	Z	"

x) von Beginn an defekt

xx) Defekt während der Versuche

Tabelle 2: Gemessene und theoretische (nach /10/) Druckspitzenwerte

Versuch Nr.	Sprengstoffmasse in kg TNT	Abstand vom Detonationsort in m	$\hat{p}$ in bar	
			gemessen	theoretisch nach /10/
V/1	1,07	2,16	1,66	1,58
V/4	1,08	2,22	0,78	1,52
V/5	1,10	2,21	1,69	1,54
V/6	2,06	2,22	2,94	2,50
V/7	2,10	2,22	2,44	2,53
V/8	5,06	-	k. M.x)	-
V/9	2,26	1,08	7,26	15,36
V/10	2,12	1,08	11,40	14,47
V/11	5,20	2,20	8,16	5,52
I/1	1,09	1,03	7,85	10,30
		2,00	1,83	1,92
I/2	1,19	1,07	10,13	10,10
		2,00	2,33	2,05
I/4	1,11	3,04	1,03	0,74
		3,54	0,58	0,56
I/5	2,16	1,08	13,11	14,80
		2,04	4,90	3,18
I/6	2,28	1,07	12,93	16,00
I/7	2,08	1,08	8,60	14,50
I/8	5,03	2,50	4,50	3,83
I/9	5,58	2,50	10,33	4,20
I/10	5,23	3,05	4,72	2,43
I/11	2,20	1,50	4,90	7,28
I/12	2,34	1,06	10,60	16,20
I/13	2,49	1,07	k. M.	16,70
I/14	4,76	2,60	8,83	3,31
II/1	2,45	1,07	12,75	16,80
II/2	6,00	2,10	4,00	7,10
II/3	7,00	2,10	8,00	8,20
II/4	1,28	1,06	10,33	10,70
II/5	2,48	2,06	2,33	3,48
II/6	1,28	1,06	8,33	10,70
II/7	2,53	1,06	11,17	17,10
II/8	2,61	2,07	3,44	3,59
II/9	1,29	1,05	13,67	11,30
II/10	2,80	1,07	22,00	18,20
II/11	2,80	1,07	20,00	18,20
II/12	1,35	1,08	7,67	10,80
II/13	1,40	1,06	12,33	11,60
II/14	3,97	2,08	6,50	5,12

x) keine Messung

Tabelle 3: Gemessene Ausbreitungsgeschwindigkeiten der Luftdruckfronten

Versuch Nr.	mittlerer Abstand $\bar{R}$ in m	Meßstrecke in m	Laufzeit in ms	mittlere Geschwindigkeit $\bar{v}$ in m/s
V/4	2,07	0,30	0,140	2143
V/6	2,07	0,30	0,170	1765
V/7	2,07	0,30	0,263	1141
V/9	1,03	0,10	0,140	714
V/10	1,03	0,10	0,039	2564
I/1	0,94	0,19	0,195	974
	1,52	0,97	1,265	767
I/2	0,96	0,22	0,224	982
	1,54	0,93	1,729	538
I/5	1,02	0,13	0,132	985
	1,56	0,96	0,411	2336
I/6	1,01	0,12	0,128	938
I/7	1,02	0,12	0,090	1333
I/8	2,45	0,10	0,101	990
I/9	2,45	0,10	0,061	1639
I/10	3,00	0,10	0,107	935
I/11	1,45	0,10	0,047	2128
I/12	0,99	0,15	0,121	1240
I/13	1,00	0,15	0,031	4839
I/14	2,53	0,15	0,103	1456
II/4	1,01	0,10	0,044	2273
II/5	1,96	0,20	0,280	714
II/6	0,94	0,25	0,227	1101
II/7	0,94	0,25	0,187	1337
II/8	1,95	0,25	0,302	828
II/9	0,93	0,25	0,137	1825
II/10	0,95	0,25	0,114	2193
II/11	0,95	0,25	0,087	2874
II/12	0,96	0,25	0,255	980
II/13	0,94	0,25	0,151	1656
II/14	1,96	0,25	0,187	1337

Tabelle 4: Gemessene Druckanstiegsraten der Druckfront

Versuch Nr.	bezogener Abstand z in $m/\sqrt[3]{kg}$		$\bar{\dot{p}} = \frac{\Delta p}{\Delta t}$ in $10^6 \frac{bar}{s}$
	tatsächlich	theoretisch nach /10/	
V/7	1,73	1,76	0,36
I/1	1,00	1,11	0,93
	1,94	1,98	0,28
I/2	1,01	1,01	3,22
	1,89	1,79	0,09
I/5	0,84	0,89	2,82
	1,58	1,33	0,97
I/6	0,81	0,90	3,08
I/7	0,85	1,08	0,83
I/8	1,46	1,37	0,87
I/9	1,41	1,00	1,71
I/10	1,76	1,35	0,27
I/11	1,15	1,33	1,12
I/12	0,80	0,98	1,96
I/13	0,79	- x)	17,60
I/14	1,55	1,06	1,33
II/4	0,98	1,00	1,54
II/5	1,52	1,79	0,38
II/6	0,98	1,09	2,15
II/7	0,78	0,96	0,85
II/8	1,50	1,52	0,58
II/9	0,96	0,88	1,59
II/10	0,76	0,69	5,96
II/11	0,76	0,72	5,67
II/12	0,98	1,13	1,88
II/13	0,95	0,92	3,38
II/14	1,31	1,20	0,53

x) Wegen nicht erfaßter Druckspitze keine Ermittlung möglich

<u>Tabelle 5:</u> Gemessene Dehnungsspitzenwerte $\hat{\varepsilon}_{15}$ (Aufnehmer Nr. 15)

Versuch Nr.	Lage der Ladung über ε_{15}	$\hat{p}$ in bar lotrecht am Boden		$\hat{\varepsilon}_{15}$ in µm/m		Schwingbreite
		gemessen[x)]	theoretisch nach /10/	max	min	in µm/m
V/9	(1)	7,26	15,36	12	-14	26
I/6	(1)	12,93	16,00	28	-18	46
I/7	(1)	7,15	12,70	21	-18	39
I/8	(2)	4,50	3,83	8	- 3	11
I/9	(2)	10,33	4,20	9	- 6	15
I/11	(3)	13,30	17,50	10	- 8	18
II/3	(1)	28,10	29,00	54	-60	114
II/4	(3)	9,80	10,50	8	- 6	14
II/5	(3)	13,00	17,50	24	k. M.	-
II/6	(3)	8,33	10,70	3	- 4	7
II/7	(3)	10,30	16,20	9	- 5	14
II/12	(3)	8,90	12,35	8	- 6	14
II/13	(3)	12,20	11,20	4	- 3	7

(1) Ladung mittig über der Bodenplatte, in Längsrichtung vor ε_{15}

(2) Ladung außermittig über der Bodenplatte, senkrecht über ε_{15}

(3) Ladung außermittig und in Wandnähe über der Bodenplatte, schräg vor ε_{15}

x) Unter der Voraussetzung der kugelförmigen Ausbreitung gemäß dem Entfernungsgesetz transformiert (s. Abb. 143)

Tabelle 6: Gemessene Dehnungsspitzenwerte
(Aufnehmer Nr. 17, 18 sowie 10)

Versuch Nr.	Lage von Ladung und Aufnehmer	$\hat{p}$ in bar vor WAj1, gemessen x)	ε_{17} in $\frac{\mu m}{m}$		ε_{18} in $\frac{\mu m}{m}$		ε_{10} in $\frac{\mu m}{m}$	
			max	min	max	min	max	min
V/1	(1)	0,74	1	- 6	k. M.	k. M.	k. M.	k. M.
V/4	(1)	0,36	0	- 3	k. M.	k. M.	k. M.	k. M.
V/8	(1)	k. M. (2,22 nach /10/)	5	-24	5	-11	k. M.	k. M.
V/10	(2)	0,89	k. M.	k. M.	4	-20	k. M.	k. M.
I/6	(2)	1,00	6	-22	8	- 9	k. M.	k. M.
I/7	(2)	0,69	4	-19	8	- 7	k. M.	k. M.
I/11	(3)	4,90	13	-38	9	-16	k. M.	k. M.
II/1	(2)	1,00	k. M.	-32	9	-11	k. M.	k. M.
II/2	(1)	1,65	k. M.	k. M.	k. M.	k. M.	3	-14
II/3	(1)	3,03	5	-48	12	-18	9	-23
II/4	(3)	2,05	2	-10	4	- 4	k. M.	k. M.
II/5	(3)	2,50	3	-24	9	- 8	k. M.	k. M.
II/6	(4)	9,60	3	-21	6	- 6	k. M.	k. M.
II/7	(4)	12,80	5	-29	5	-12	k. M.	k. M.
II/12	(4)	9,40	10	-23	5	- 8	k. M.	k. M.
II/13	(4)	13,90	5	-24	6	- 8	k. M.	k. M.

Lagetyp	Abstand der Ladung	
	vom Druckaufnehmer	von der Wand WAj1
1	rd. 2 m	rd. 3 m
2	rd. 1 m	rd. 3 m
3	rd. 1 m	rd. 2 m
4	rd. 1 m	rd. 1 m

x) Unter der Voraussetzung der kugelförmigen Ausbreitung gemäß dem Entfernungsgesetz transformiert (s. Abb. 143)

<u>Tabelle 7:</u> Gemessene Dehnungsspitzenwerte in einer Wanddecke
(Aufnehmer Nr. 4, 5, 6, 7, 9, 23)

Versuch Nr.	Lage der Ladung	$\hat{p}$ in bar (R = 1 m),x) gemessen	$\hat{\varepsilon}_4$ in $\frac{\mu m}{m}$		$\hat{\varepsilon}_5$ in $\frac{\mu m}{m}$		$\hat{\varepsilon}_6$ in $\frac{\mu m}{m}$		$\hat{\varepsilon}_7$ in $\frac{\mu m}{m}$		$\hat{\varepsilon}_9$ in $\frac{\mu m}{m}$		$\hat{\varepsilon}_{23}$ in $\frac{\mu m}{m}$	
			max	min	max	min	max	min	max	min	max	min	max	min
I/10	(1)	45,5	k.M.	k.M.	12	-22	k.M.	k.M.	k.M.	k.M.	k.M.	k.M.	k.M.	k.M
I/12	(4)	12,3	4	- 4	k.M.	k.M.	k.M.	k.M.	3	- 6	k.M.	k.M.	k.M.	k.M.
I/13	(3)	19,0	10	-16	10	-17	7	-22	k.M.	k.M.	8	-19	k.M.	k.M.
I/14	(2)	53,7	14	-15	10	-28	10	-17	7	-41	13	-28	k.M.	k.M.
II/14	(1)	29,0	k.M.	k.M.	k.M.	k.M.	k.M.	k.M.	k.M.	k.M.	k.M.	k.M.	2	- 7

(1) Ladung auf Winkelhalbierender, Höhe: 0,70 m über Grund, Abstand zur Wand: rd. 3 m

(2) Ladung auf Winkelhalbierender, Höhe: 0,70 m über Grund, Abstand zur Wand: rd. 2 m

(3) Ladung auf Winkelhalbierender, Höhe: 2,50 m über Grund, Abstand zur Wand: rd. 1 m

(4) Ladung neben Winkelhalbierender, Höhe: 2,50 m über Grund

x) Unter der Voraussetzung der kugelförmigen Ausbreitung gemäß dem Entfernungsgesetz transformiert (s. Abb. 143)

Tabelle 8: Gemessene Dehnungsspitzenwerte in Plattenmitte (Decke und Wand WA4) bei frontalem Auftreffen der Druckwelle (Aufnehmer Nr. 1, 2 sowie 20, 21, 22)

Versuch Nr.	$\hat{p}$ in bar vor WAj4, gemessen x)	$\hat{\varepsilon}_1$ in $\frac{\mu m}{m}$		$\hat{\varepsilon}_2$ in $\frac{\mu m}{m}$	
		max	min	max	min
I/10	4,00	25	-10	12	-19
I/12	12,10	30	k. M.	6	-11
II/9	15,00	16	-13	7	-16
II/10	24,80	50	-25	100xx)	-80xx)
II/11	22,10	29	-19	10	-25

Versuch Nr.	$\hat{p}$ in bar vor der Decke, gemessen x)	$\hat{\varepsilon}_{20}$ in $\frac{\mu m}{m}$		$\hat{\varepsilon}_{21}$ in $\frac{\mu m}{m}$		$\hat{\varepsilon}_{22}$ in $\frac{\mu m}{m}$	
		max	min	max	min	max	min
I/8	4,50	16	-30	22	k.M.	k.M.	k.M.
I/9	10,33	k.M.	k.M.	33	-10	30	-17
II/8	3,52	9	-24	10	- 4	9	-14
II/14	5,80	23	-47	18	- 6	25	-19

xx) Extrapoliert (geschätzt)

x) Unter der Voraussetzung der kugelförmigen Ausbreitung gemäß dem Entfernungsgesetz transformiert (s. Abb. 143)

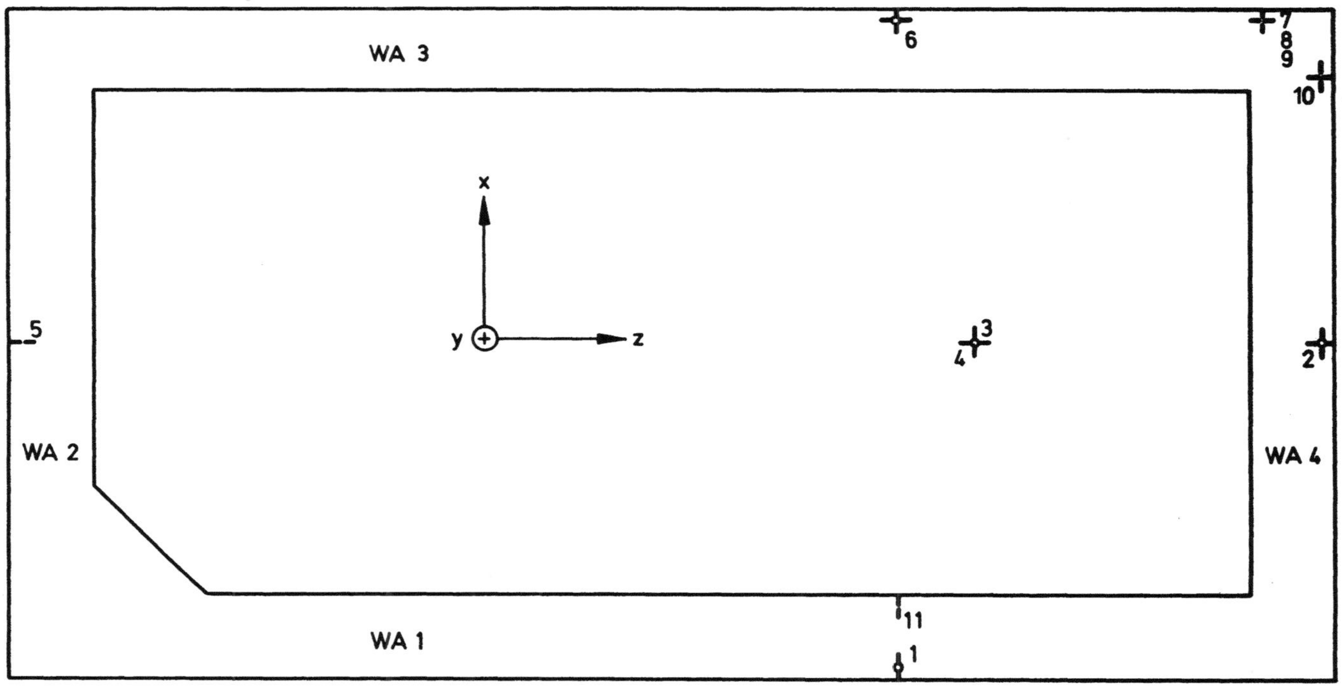

Grundriß

Abb. 1: Lageplan der Dehnungsaufnehmer mit Meßortnummer und Bezeichnung der Bunkerwände

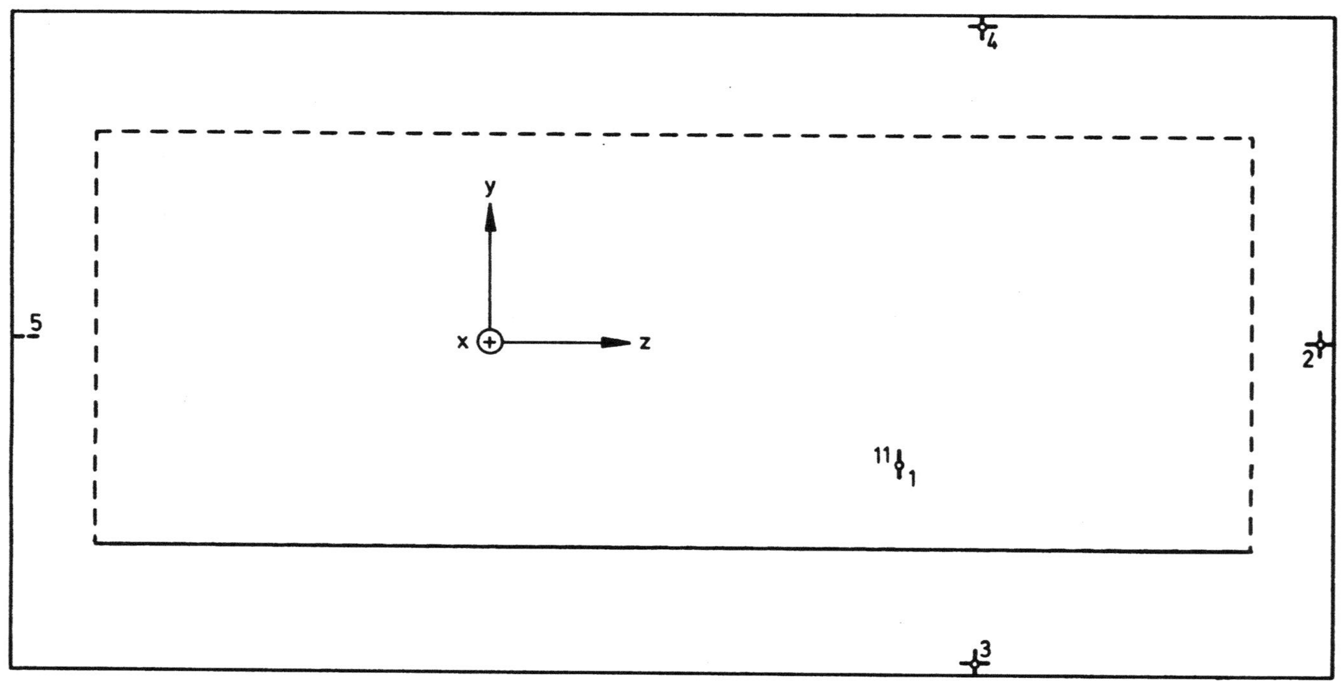

WA a 1

Abb. 2: Lageplan der Dehnungsaufnehmer mit Meßortnummer

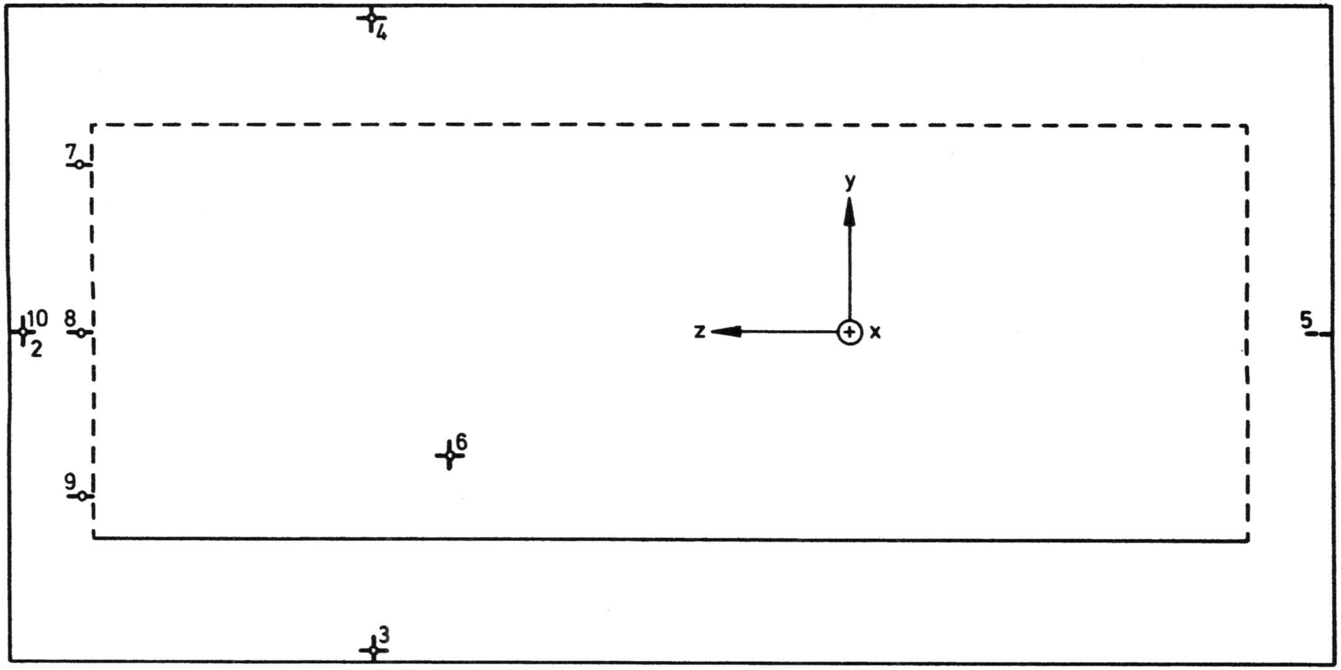

WA a 3

Abb. 3: Lageplan der Dehnungsaufnehmer mit Meßortnummer

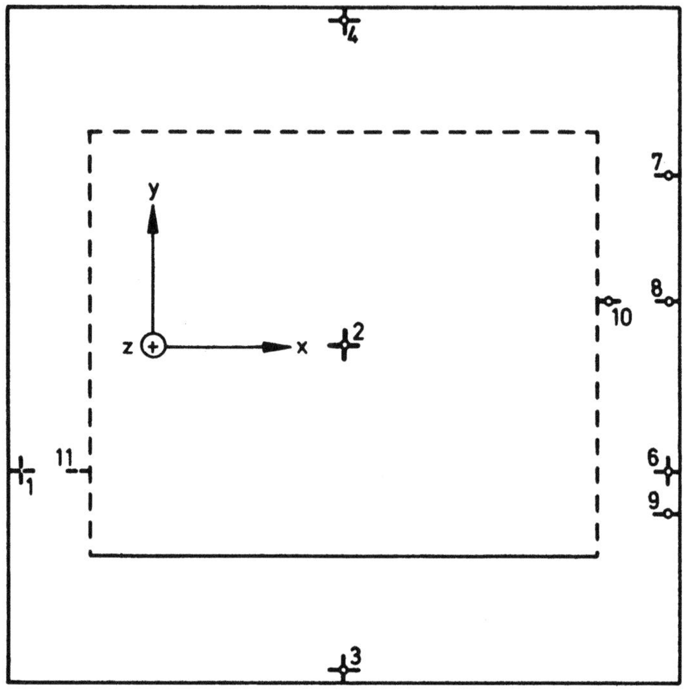

WA a 4

Abb. 4: Lageplan der Dehnungsaufnehmer mit Meßortnummer

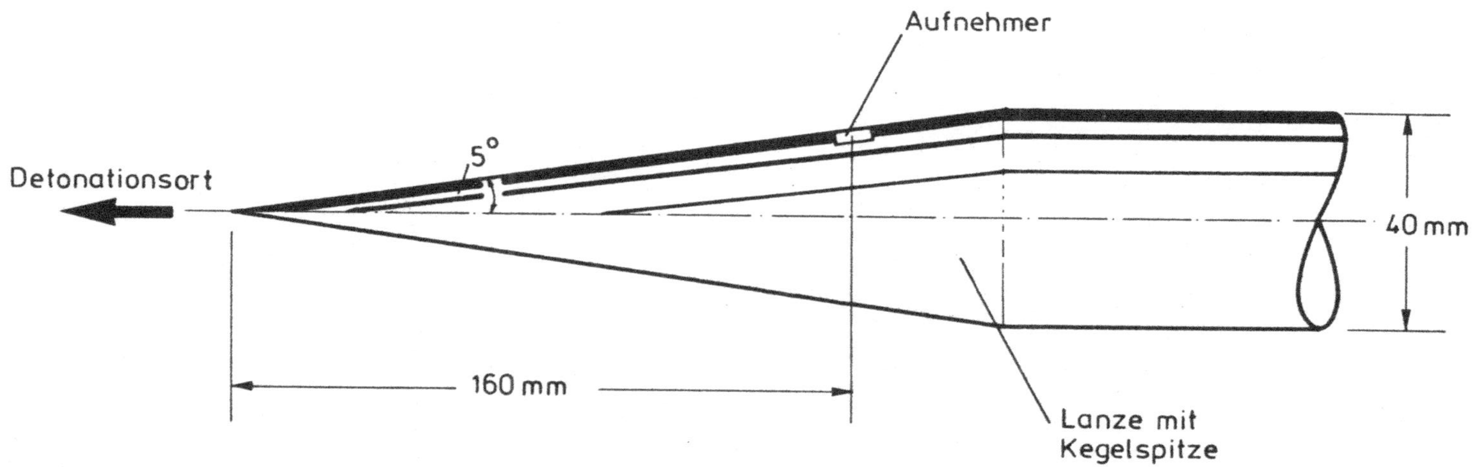

Abb. 5: Kegelspitze mit in die Mantelfläche eingebettetem Druckaufnehmer (Konstruktion des BICT)

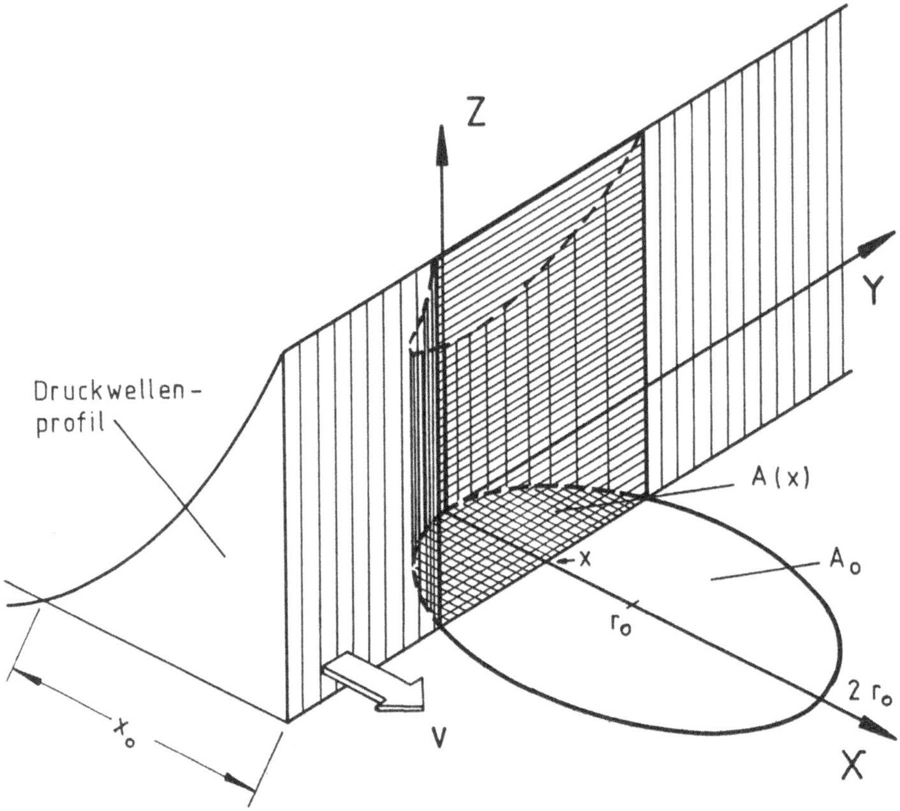

Abb. 6: Räumliche qualitative Darstellung einer die Aufnehmerfläche A_o überstreichenden Druckwellenfront

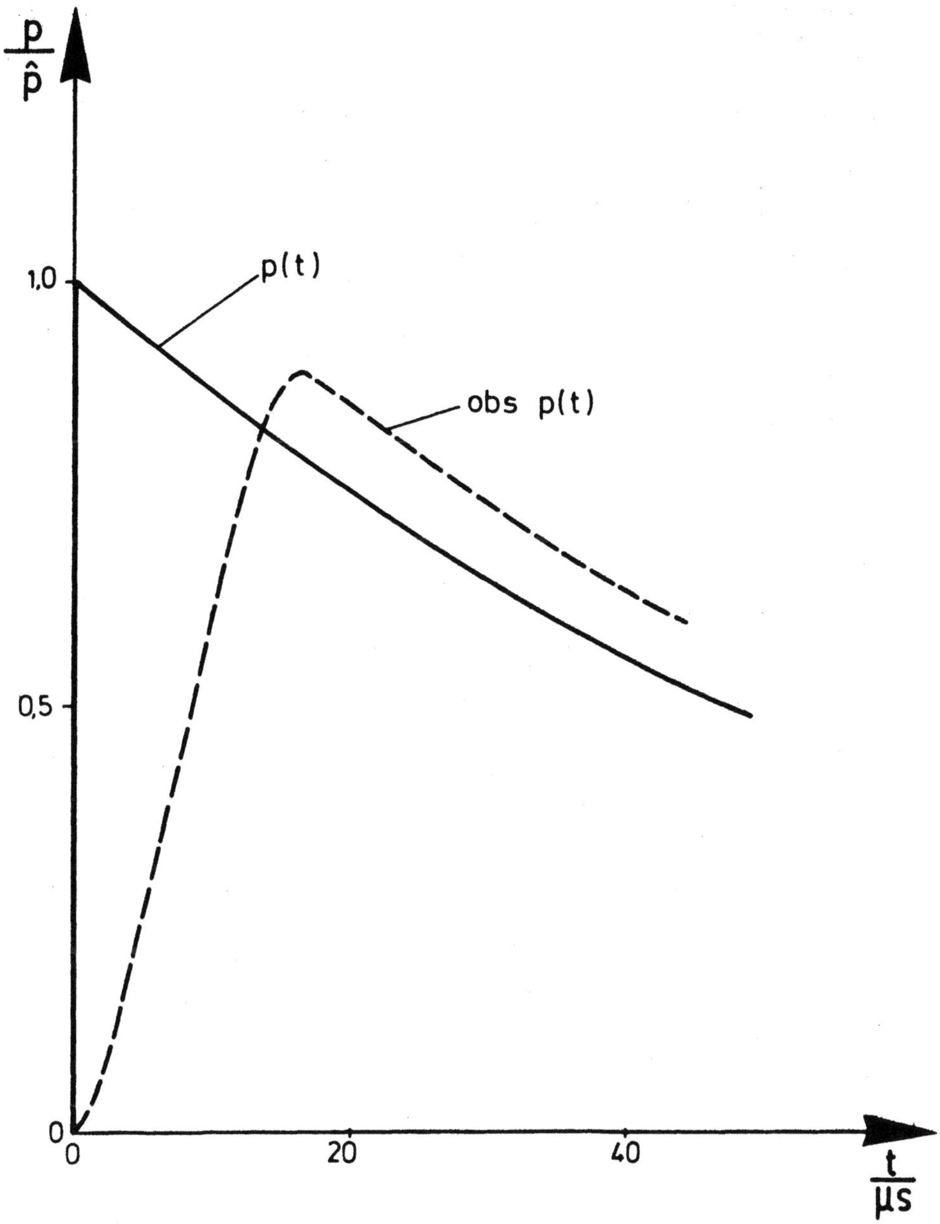

Abb. 7: Gegenüberstellung eines idealisierten Druckverslaufes p (t) und seiner gemessenen Kurve obs p (t)

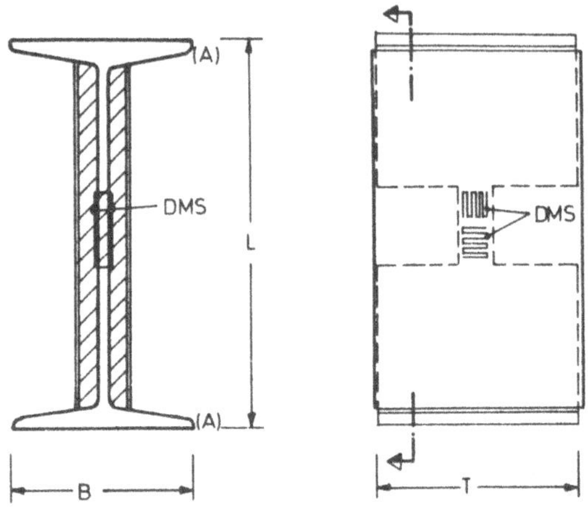

Länge (L)	:	120 mm
Breite (B)	:	58 mm
Tiefe (T)	:	63 mm
Meßprinzip	:	DMS in Vollbrückenschaltung
k-Faktor	:	2.0 ..... 2.06
Brückenwiderstand	:	120 Ω
Meßbereich	:	± (0...... 1mm/m)

Abb. 8: Dehnungsaufnehmer mit technischen Daten
(Fabrikat der Fa. Messdata GmbH)

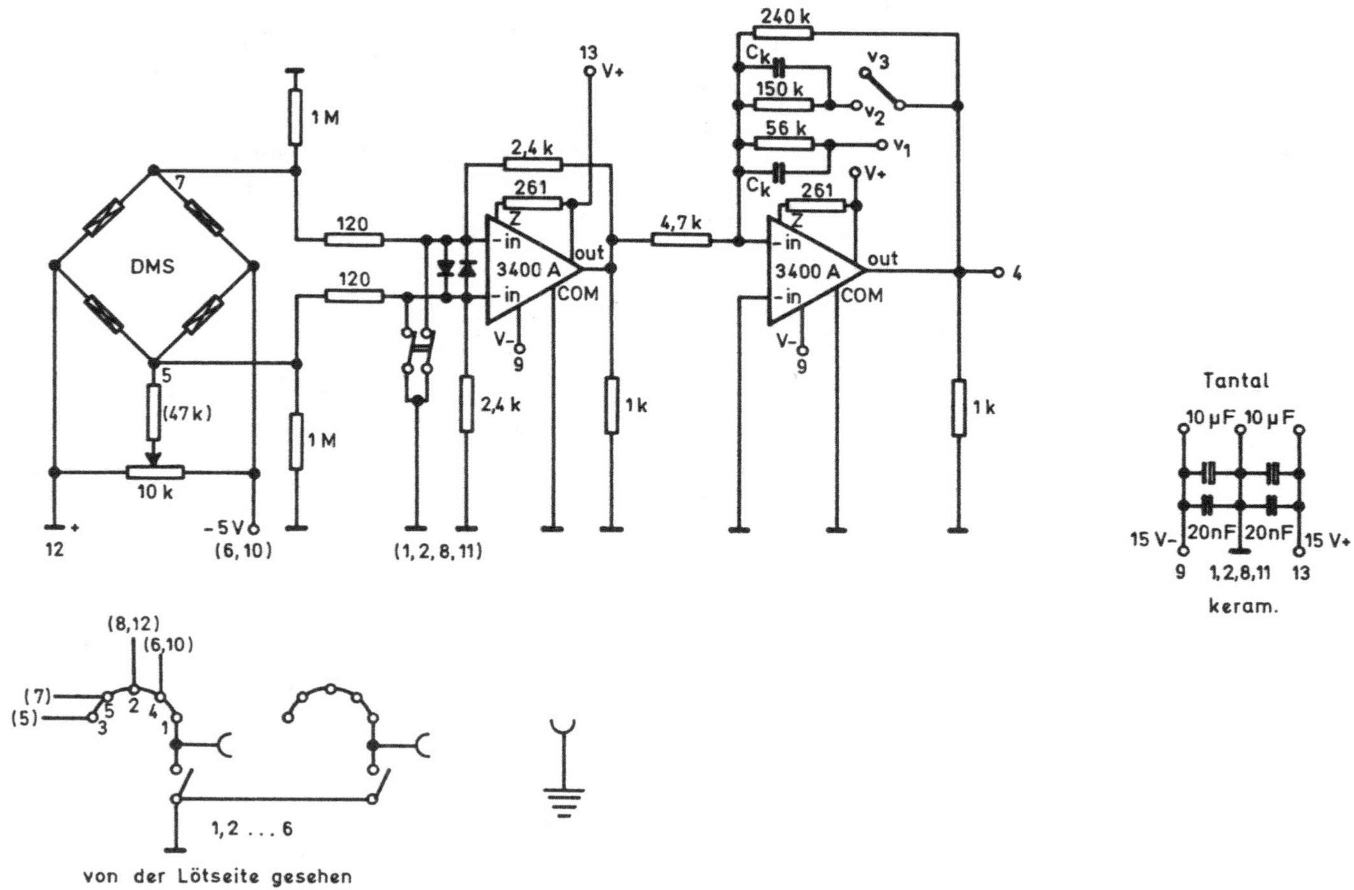

Abb. 9: Gleichspannungs-Meßverstärker für DMS-Aufnehmer in Vollbrückenschaltung

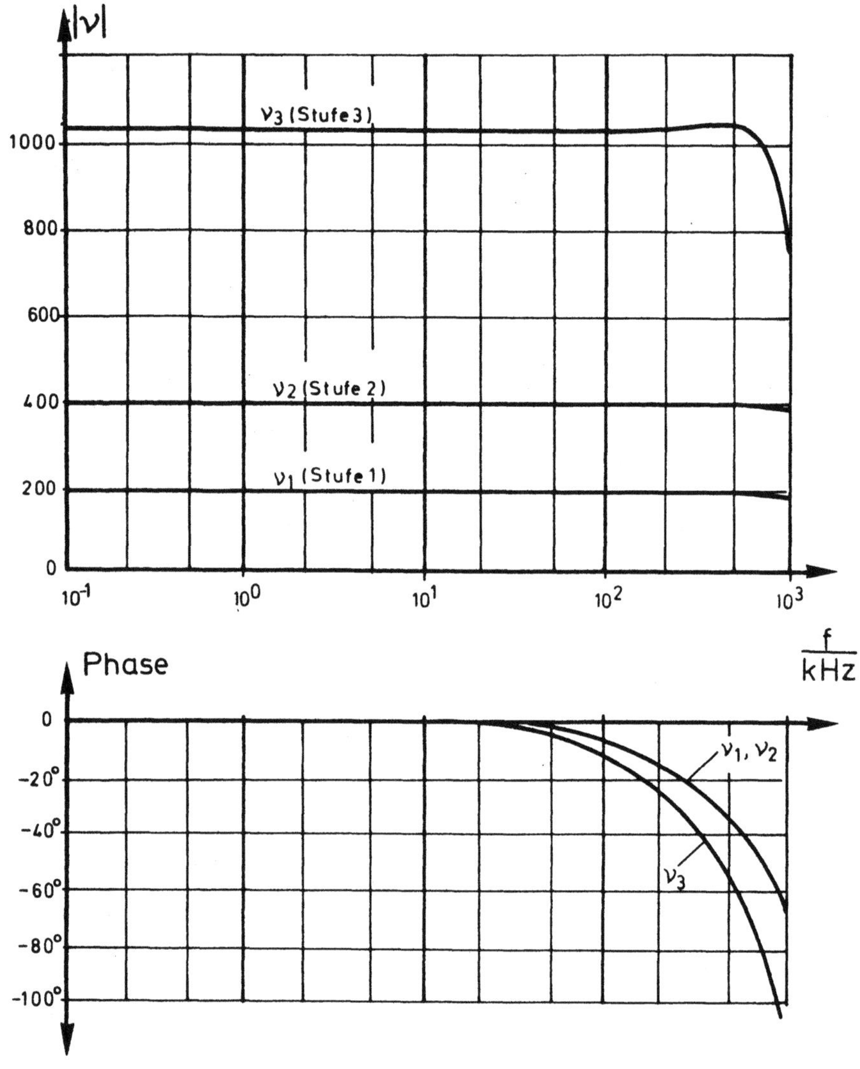

Abb. 10: Frequenzgang des Verstärungsfaktors ν eines Meß-verstärkers (exemplarisch für Verstärker Nr. 1)

$$u_1 = p \cdot MB$$

$$u_2 = 2{,}36\,V \cdot \frac{u_1}{E_{SO}} + 2{,}44\,V$$

$$\{p\} = \frac{u_2}{E_{PCM}} \cdot 2048$$

MB: Meßbereich in V/bar des Meßverstärkers

E_{SO}: Eingangsempfindlichkeit in V des digitalen Speicheroszilloskops

E_{PCM}: Eingangsempfindlichkeit in V der PCM-Anlage

Abb. 11: Blockbild der Druckmeßeinrichtung

$$u_1 = \varepsilon \cdot E_A$$

$$u_2 = \nu \cdot u_1$$

$$u_3 = 2{,}36\,V \cdot \frac{u_2}{E_{SO}} + 2{,}44\,V$$

$$\{\varepsilon\} = \frac{u_3}{E_{PCM}} \cdot 2048$$

E_A: Empfindlichkeit des Dehnungsaufnehmers (7,35 $\frac{mV}{mm/m}$)

ν : Verstärkungsfaktor

E_{SO}: Eingangsempfindlichkeit in V des digitalen Speicheroszilloskops

E_{PCM}: Eingangsempfindlichkeit in V der PCM-Anlage

Abb. 12: Blockbild der Dehnungsmeßeinrichtung

ERLÄUTERUNGEN ZU DEN ABBILDUNGEN 13 BIS 48

Maße in m

$\overset{\leftrightarrow}{\varepsilon}_{17}$	Dehnungsaufnehmer Nr. 17, quer zur Blickrichtung orientiert
$\overset{\odot}{\varepsilon}_{15}$	Dehnungsaufnehmer Nr. 15, in Blickrichtung orientiert
$\square_p$	Luftdruckaufnehmer
$\bigcirc_L$	Sprengstoffladung

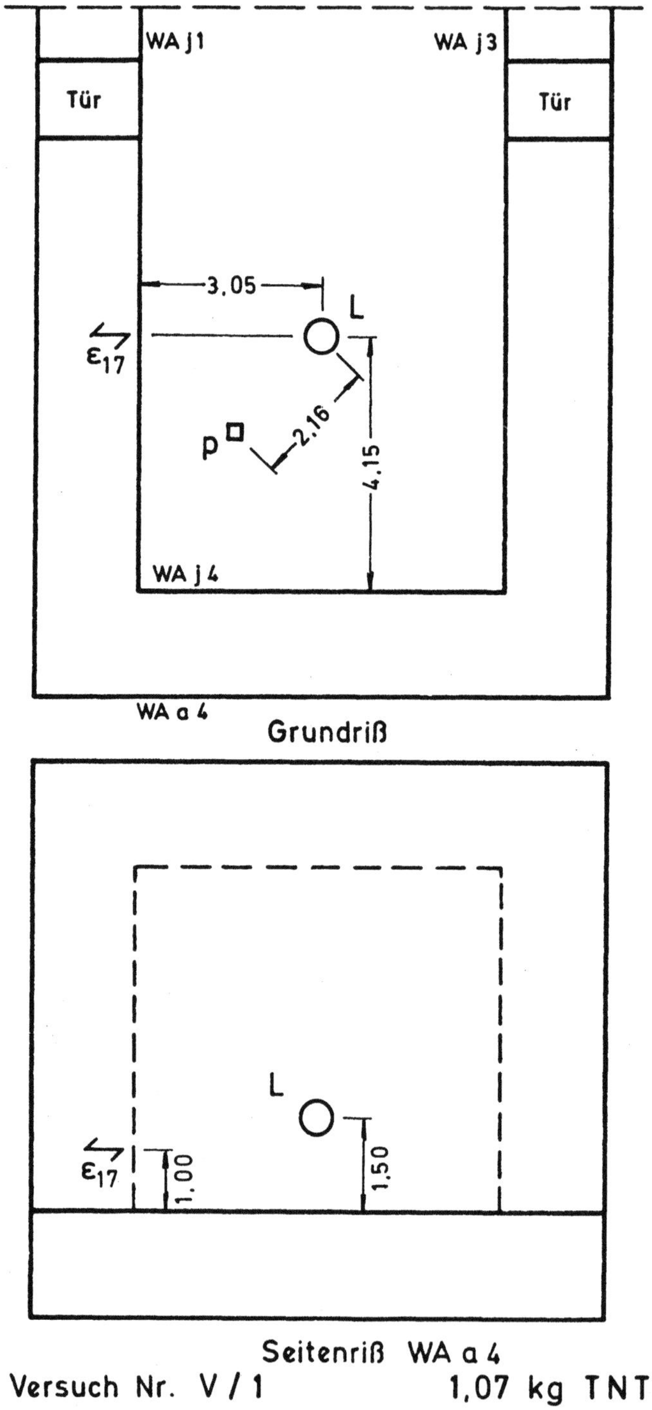

Abb. 13: Unmaßstäbliche Darstellung von Lage und Orientierung der Meßwertaufnehmer im Meßhaus FG II des BICT in Heimerzheim

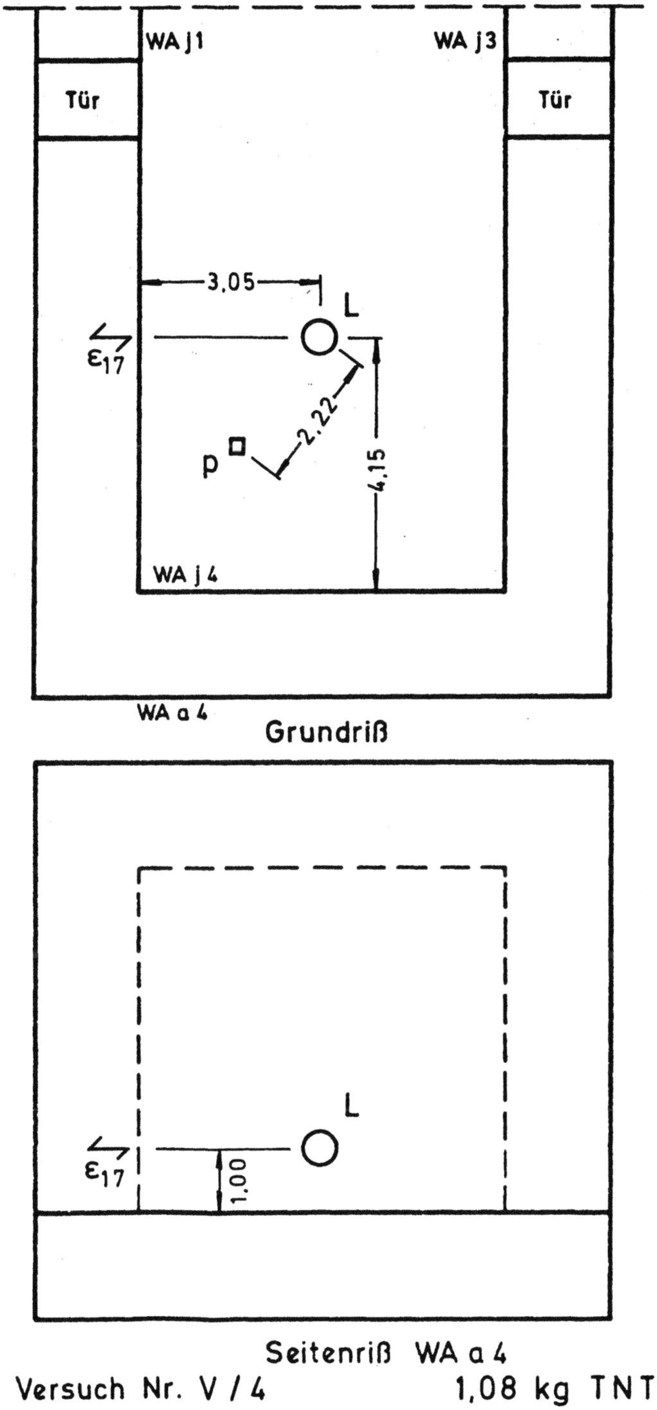

Abb. 14: Unmaßstäbliche Darstellung von Lage und Orientierung der Meßwertaufnehmer im Meßhaus FG II des BICT in Heimerzheim

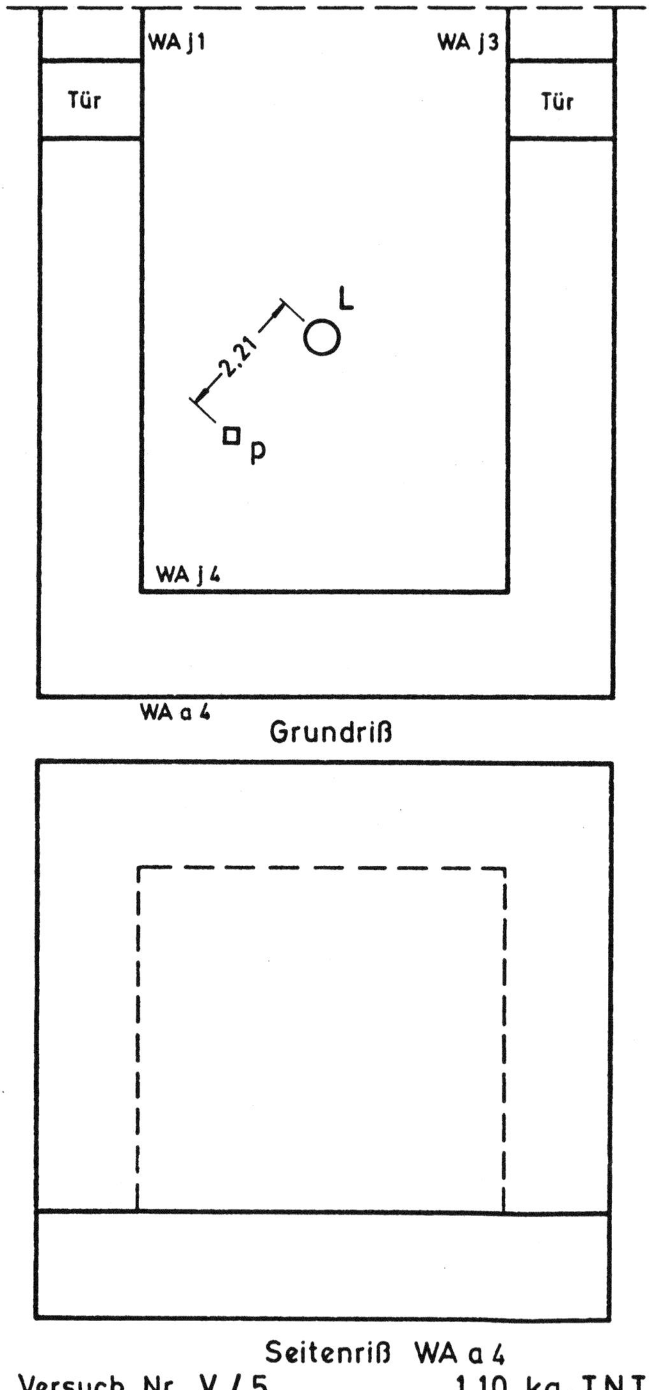

Abb. 15: Unmaßstäbliche Darstellung von Lage und Orientierung der Meßwertaufnehmer im Meßhaus FG II des BICT in Heimerzheim

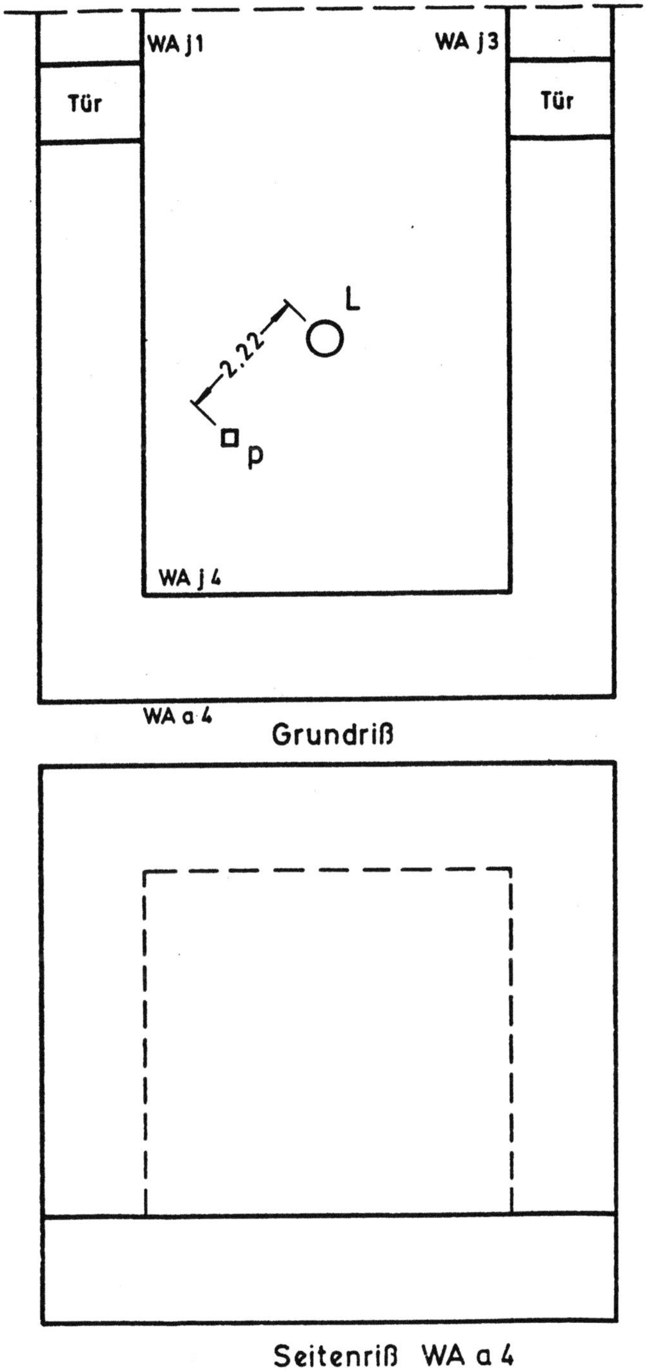

Versuch Nr. V / 6 2,06 kg TNT

Abb. 16: Unmaßstäbliche Darstellung von Lage und Orientierung der Meßwertaufnehmer im Meßhaus FG II des BICT in Heimerzheim

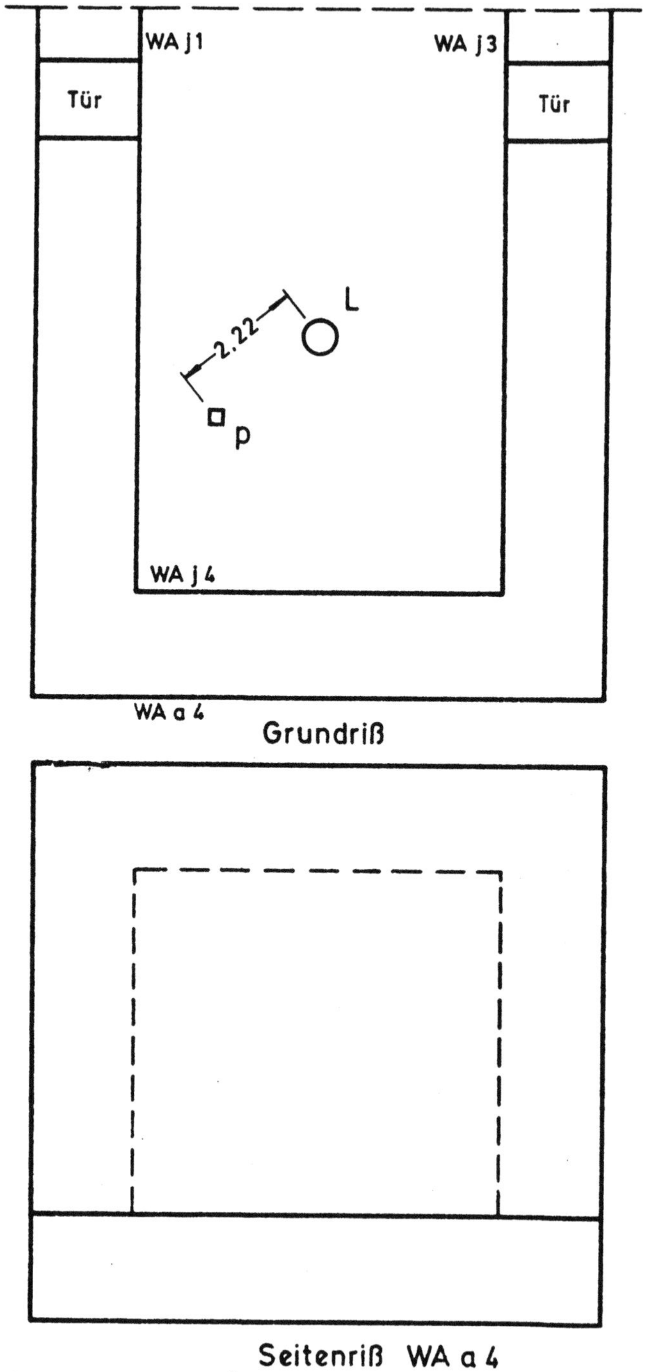

Versuch Nr. V / 7 2,10 kg TNT

Abb. 17: Unmaßstäbliche Darstellung von Lage und Orientierung der Meßwertaufnehmer im Meßhaus FG II des BICT in Heimerzheim

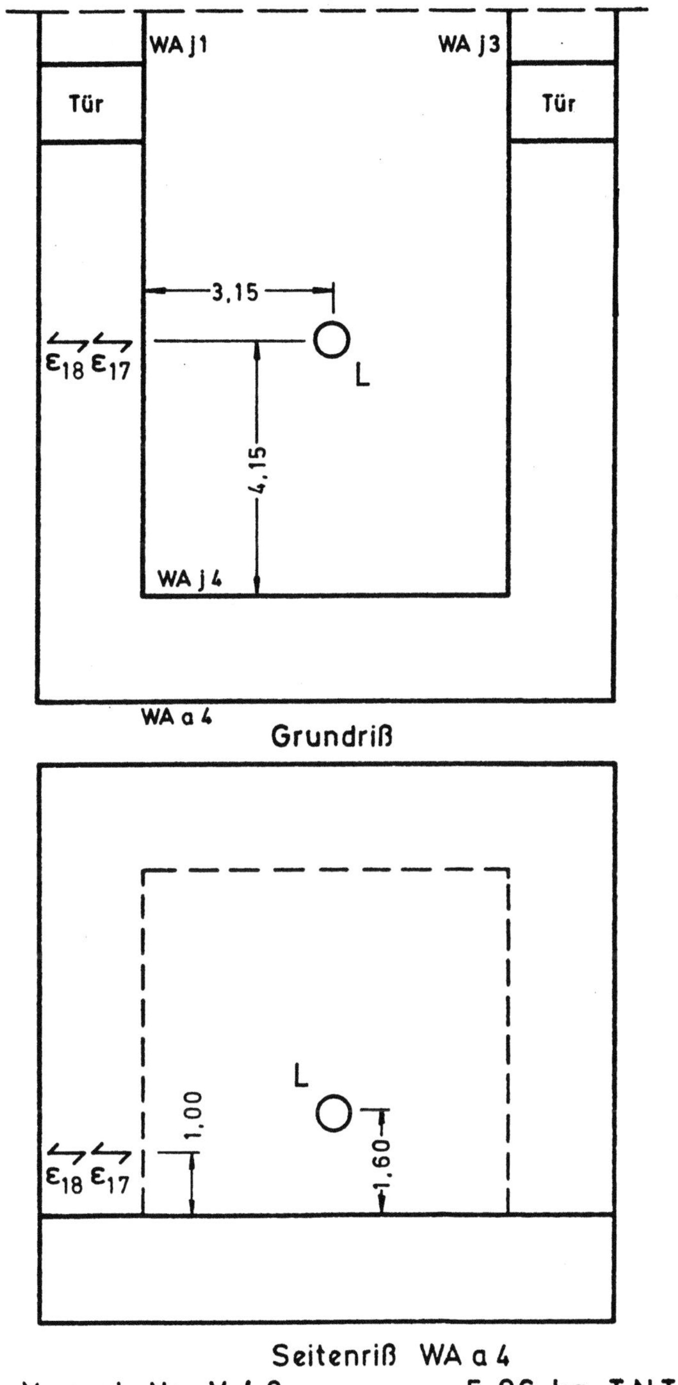

Abb. 18: Unmaßstäbliche Darstellung von Lage und Orientierung der Meßwertaufnehmer im Meßhaus FG II des BICT in Heimerzheim

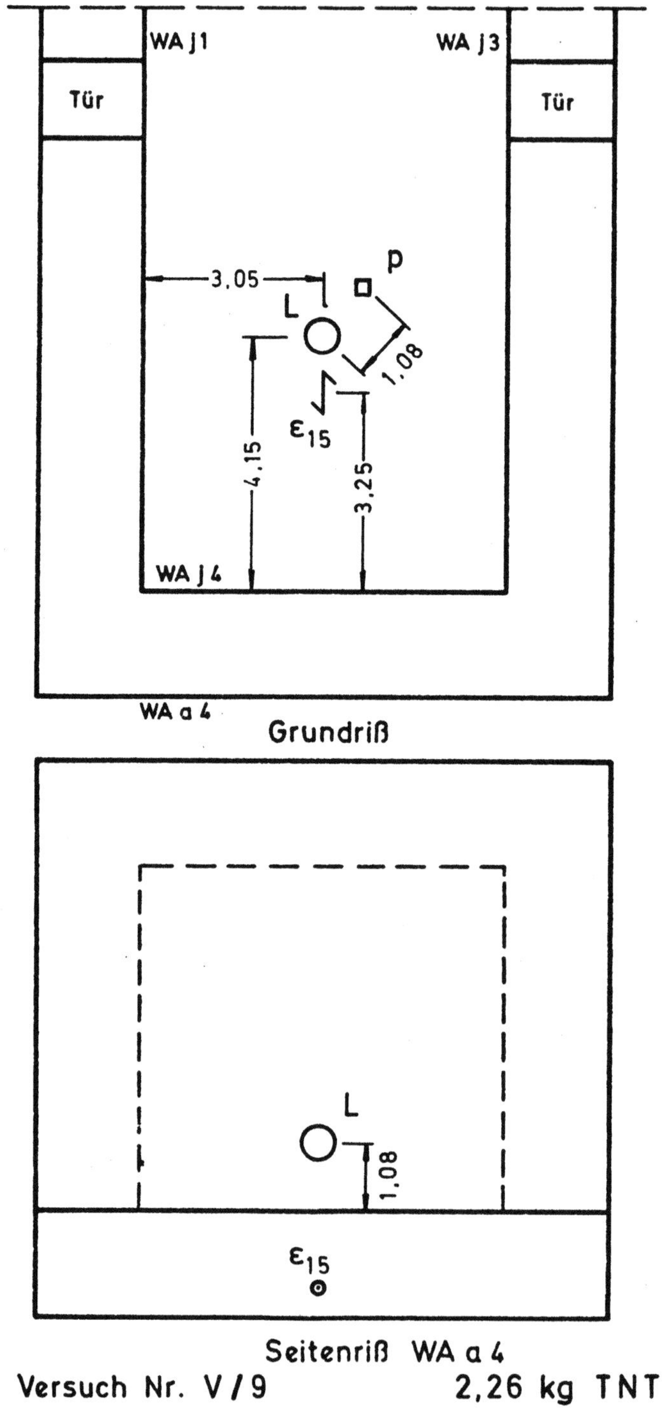

Abb. 19: Unmaßstäbliche Darstellung von Lage und Orientierung der Meßwertaufnehmer im Meßhaus FG II des BICT in Heimerzheim

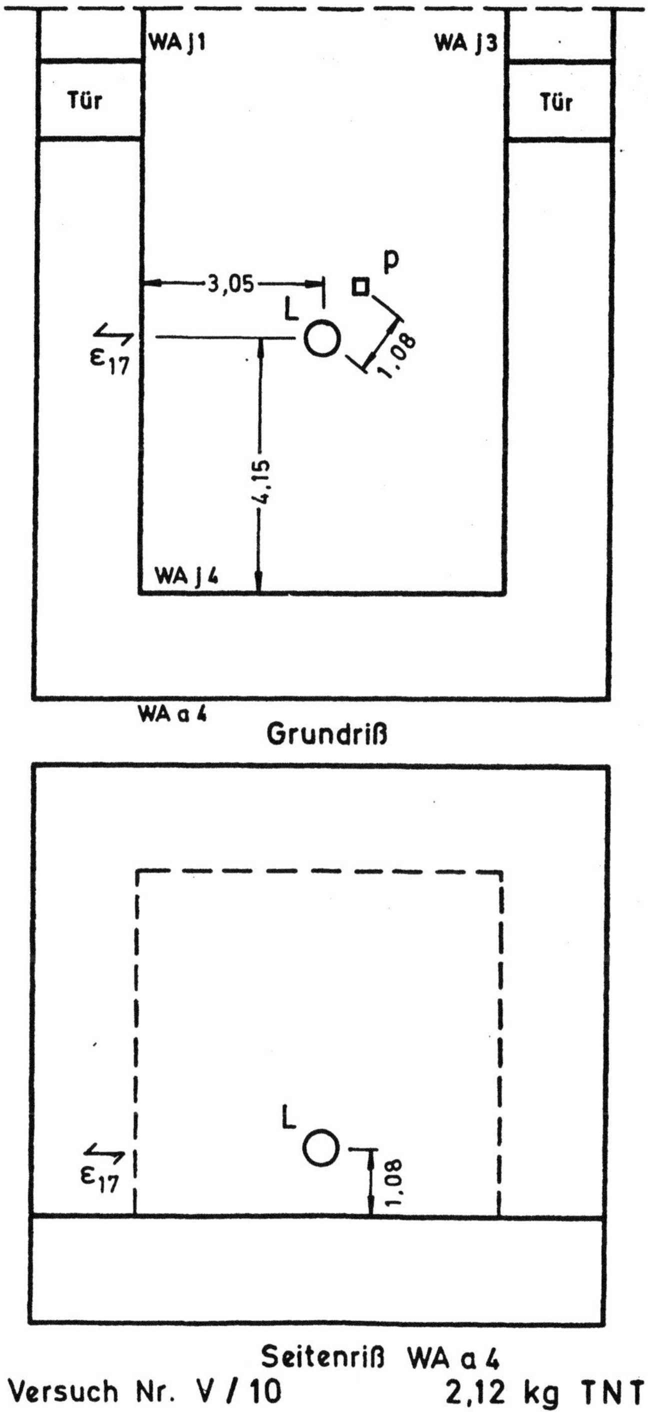

Abb. 20: Unmaßstäbliche Darstellung von Lage und Orientierung der Meßwertaufnehmer im Meßhaus FG II des BICT in Heimerzheim

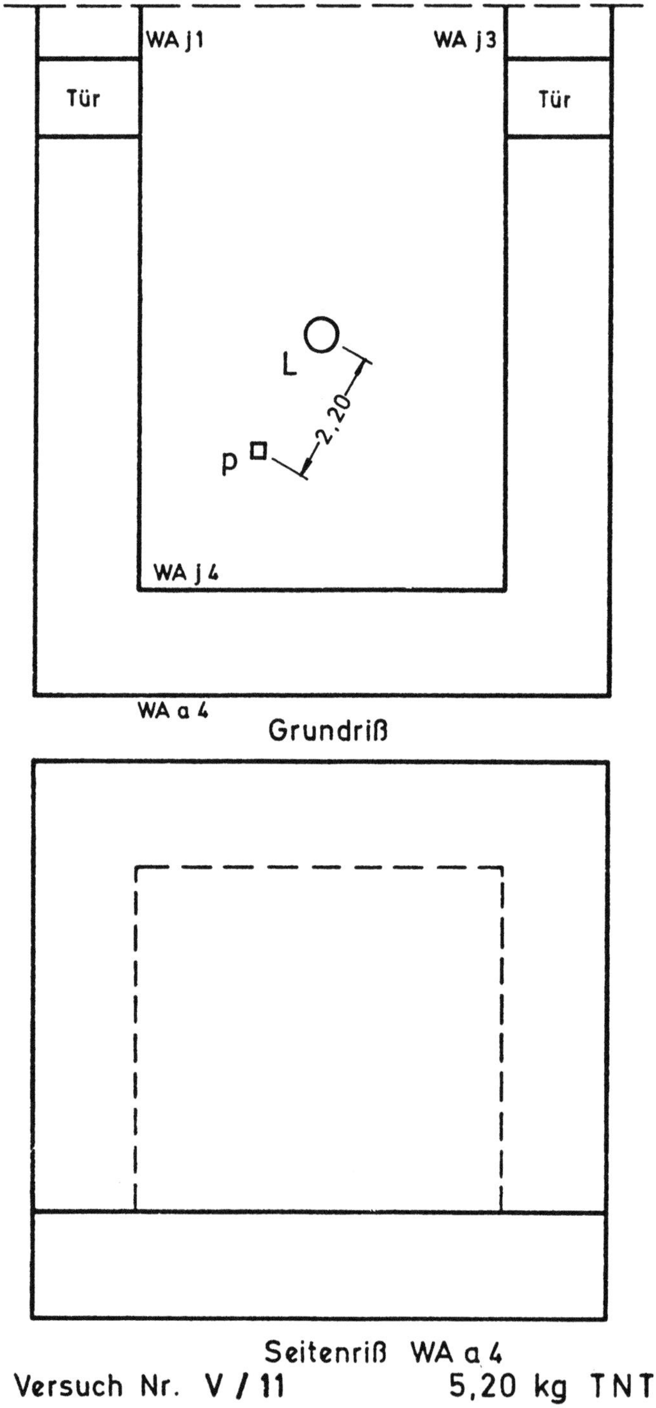

Abb. 21: Unmaßstäbliche Darstellung von Lage und Orientierung der Meßwertaufnehmer im Meßhaus FG II des BICT in Heimerzheim

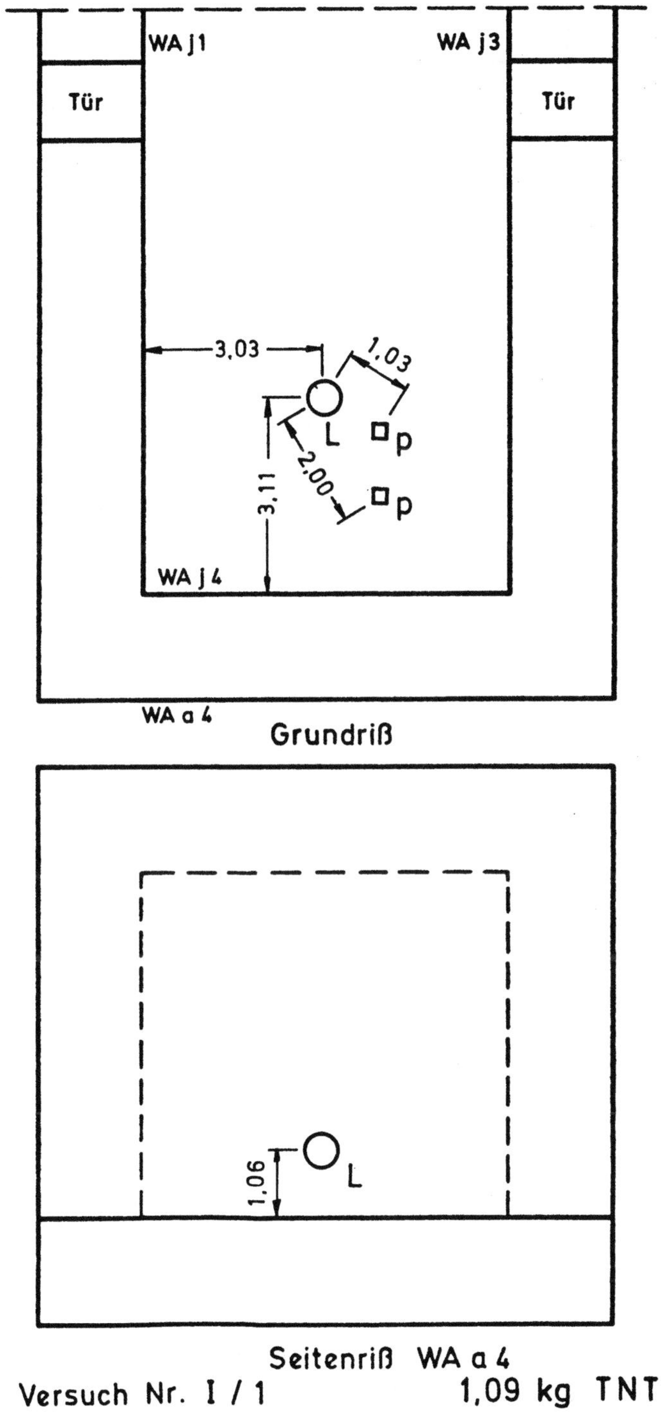

Abb. 22: Unmaßstäbliche Darstellung von Lage und Orientierung der Meßwertaufnehmer im Meßhaus FGII des BICT in Heimerzheim

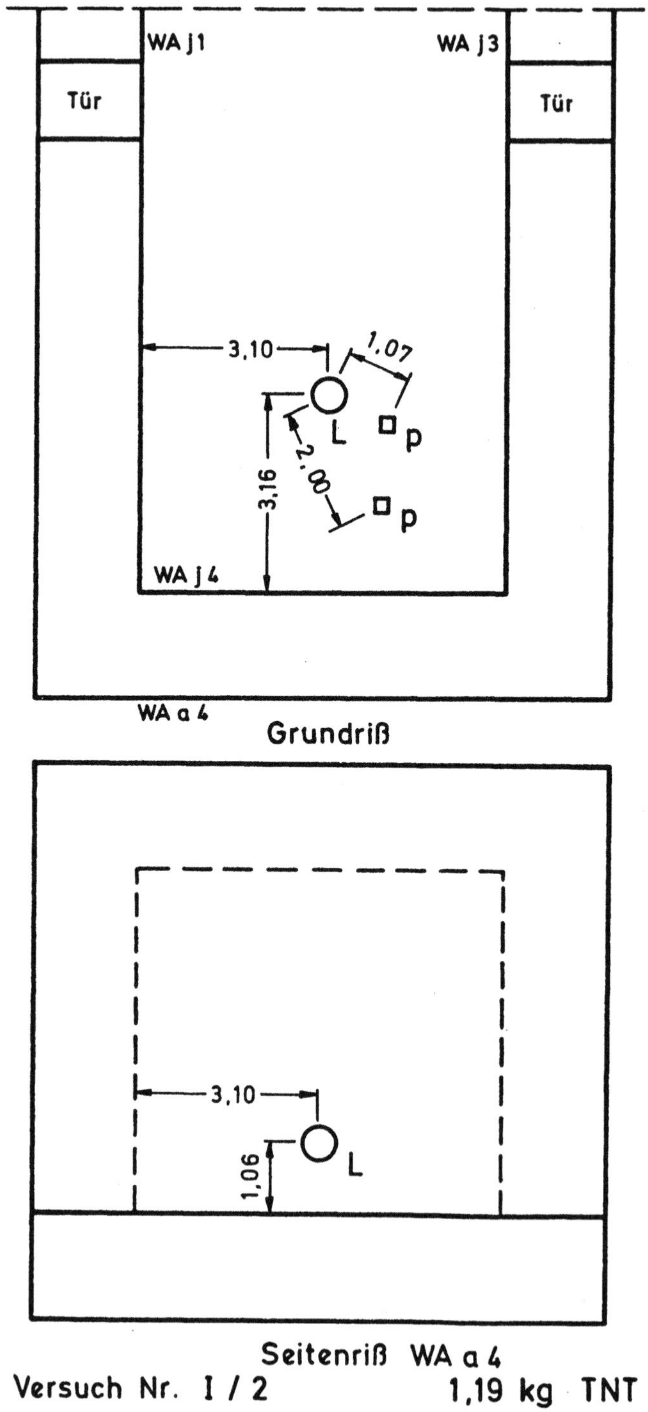

Abb. 23: Unmaßstäbliche Darstellung von Lage und Orientierung der Meßwertaufnehmer im Meßhaus FG II des BICT in Heimerzheim

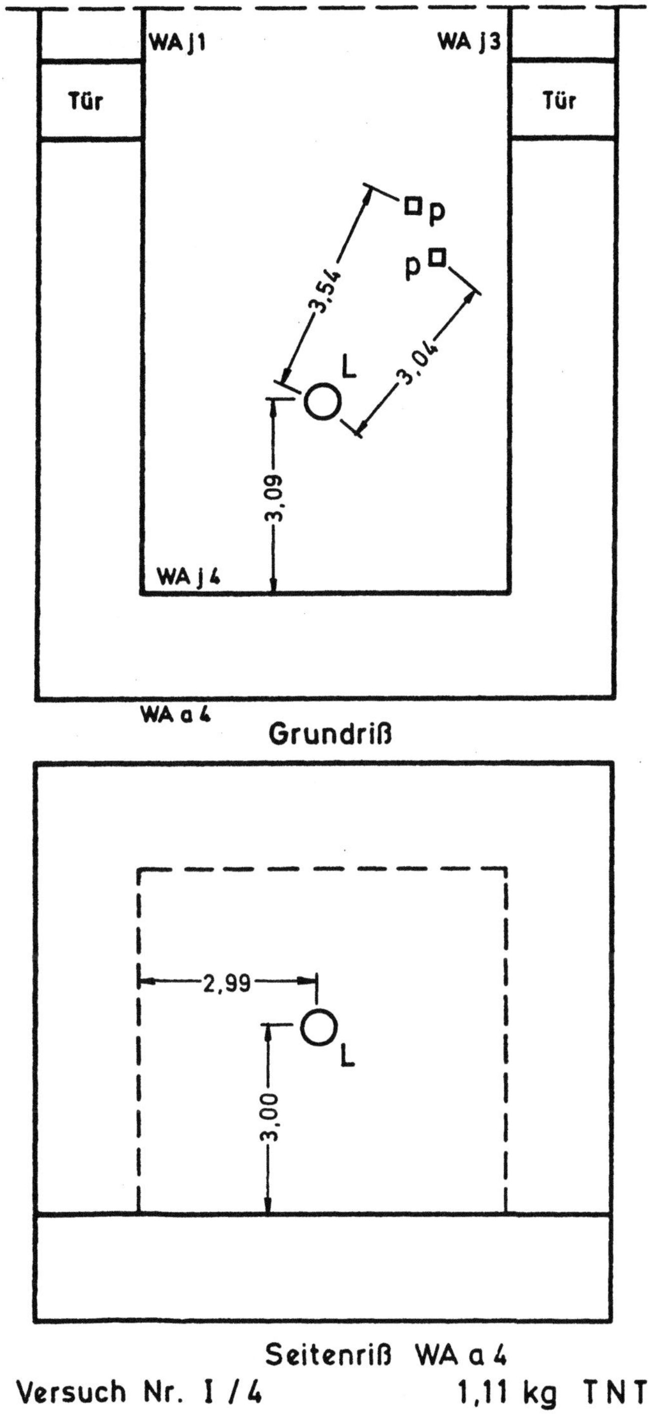

Abb. 24: Unmaßstäbliche Darstellung von Lage und Orientierung der Meßwertaufnehmer im Meßhaus FG II des BICT in Heimerzheim

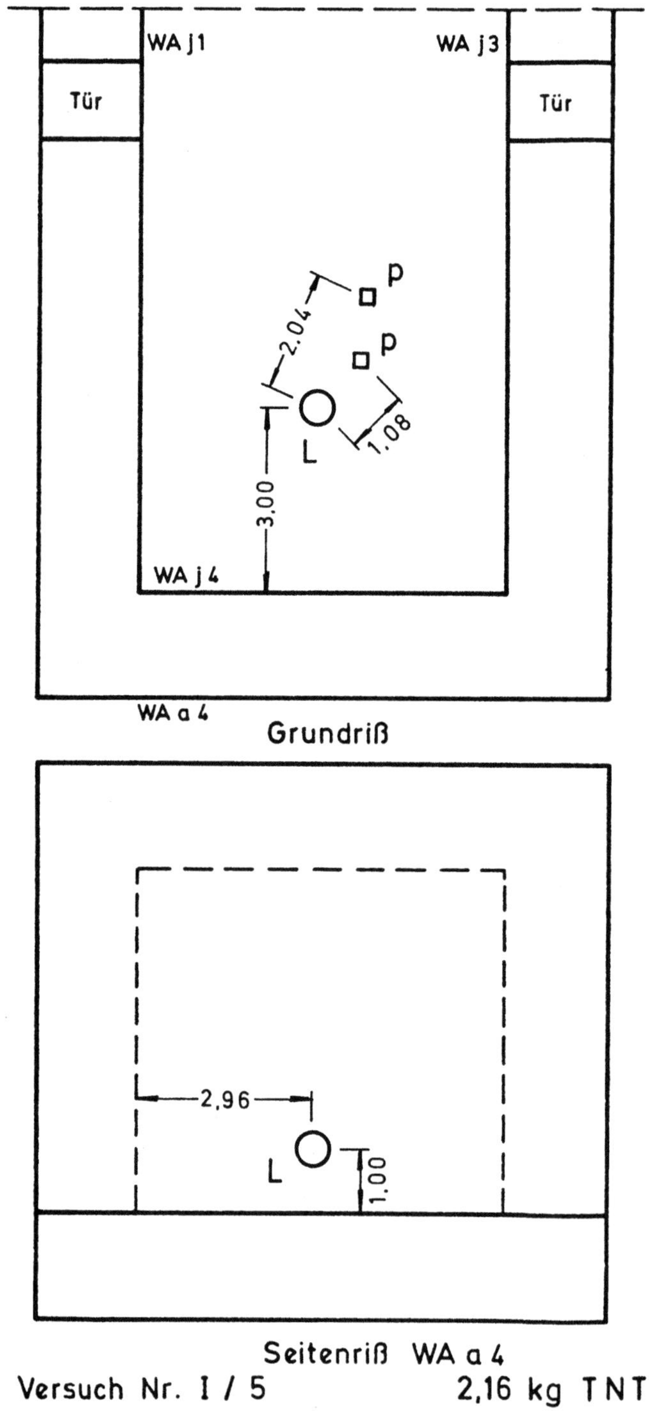

Abb. 25: Unmaßstäbliche Darstellung von Lage und Orientierung der Meßwertaufnehmer im Meßhaus FG II des BICT in Heimerzheim

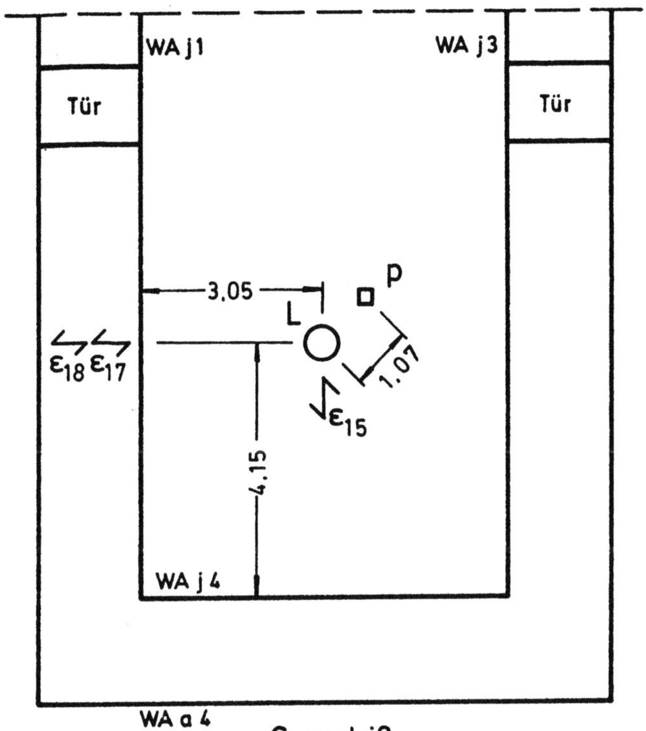

Grundriß

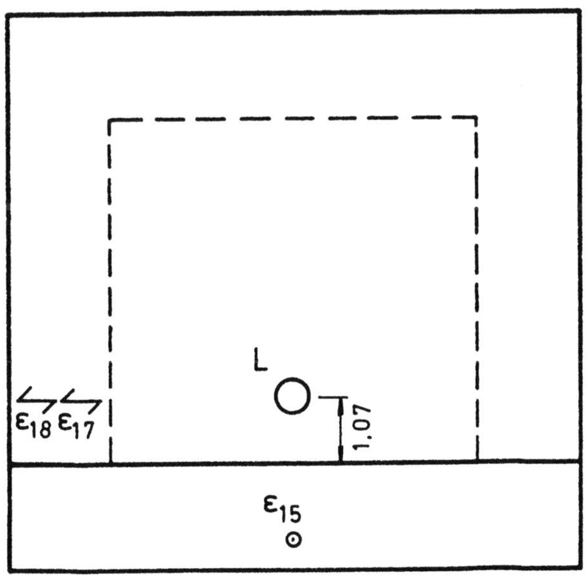

Seitenriß WA a 4

Versuch Nr. I / 6 2,28 kg TNT

Abb. 26: Unmaßstäbliche Darstellung von Lage und Orientierung der Meßwertaufnehmer im Meßhaus FG II des BICT in Heimerzheim

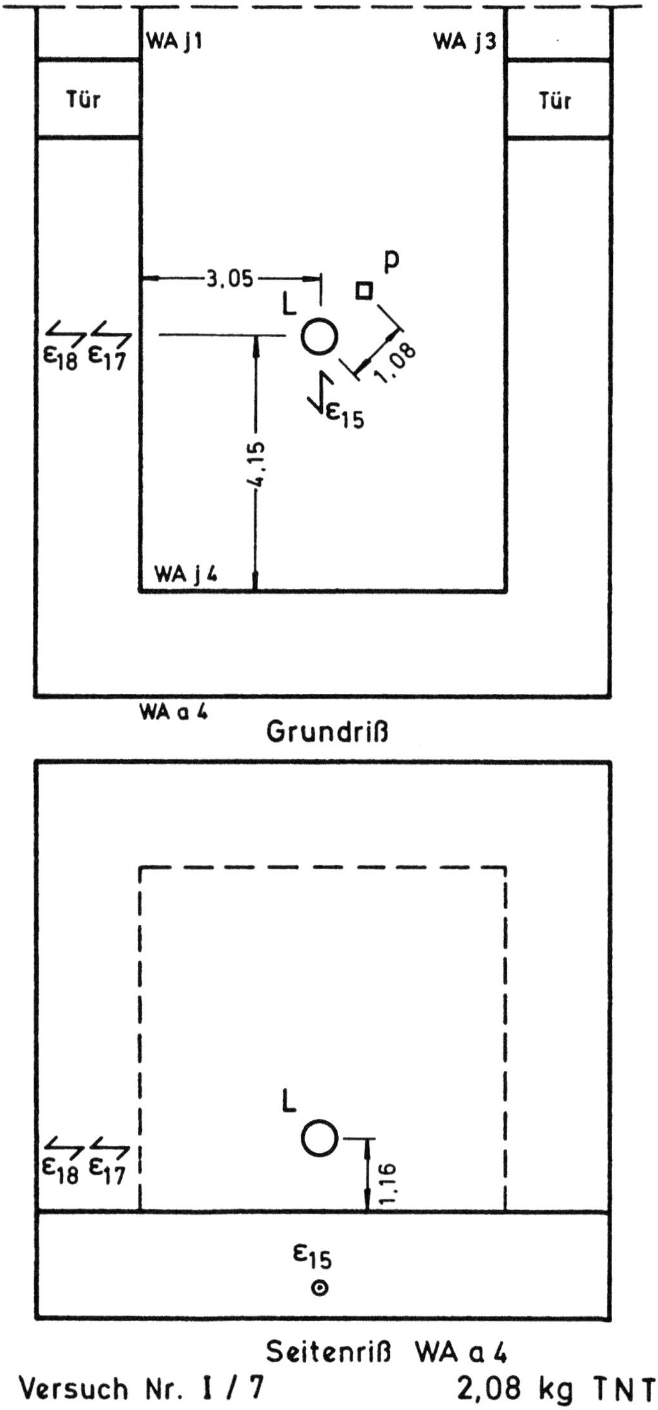

Abb. 27: Unmaßstäbliche Darstellung von Lage und Orientierung der Meßwertaufnehmer im Meßhaus FG II des BICT in Heimerzheim

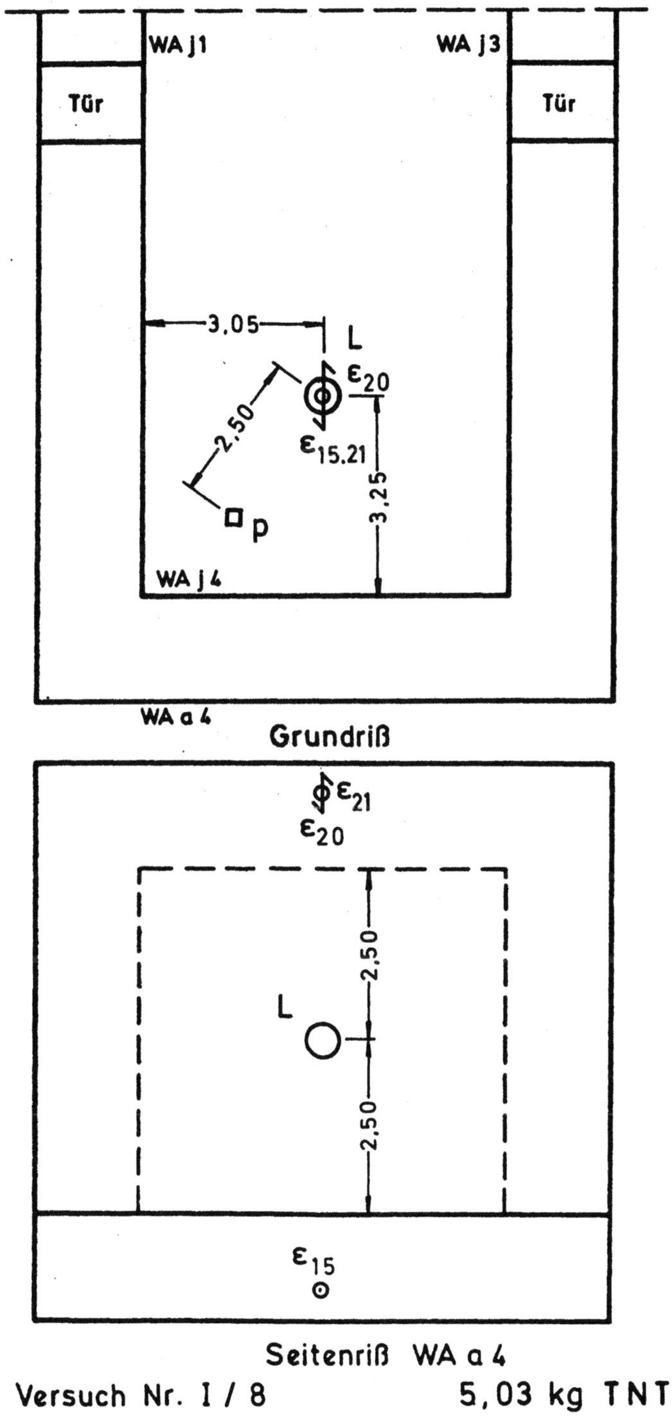

Abb. 28: Unmaßstäbliche Darstellung von Lage und Orientierung der Meßwertaufnehmer im Meßhaus FG II des BICT in Heimerzheim

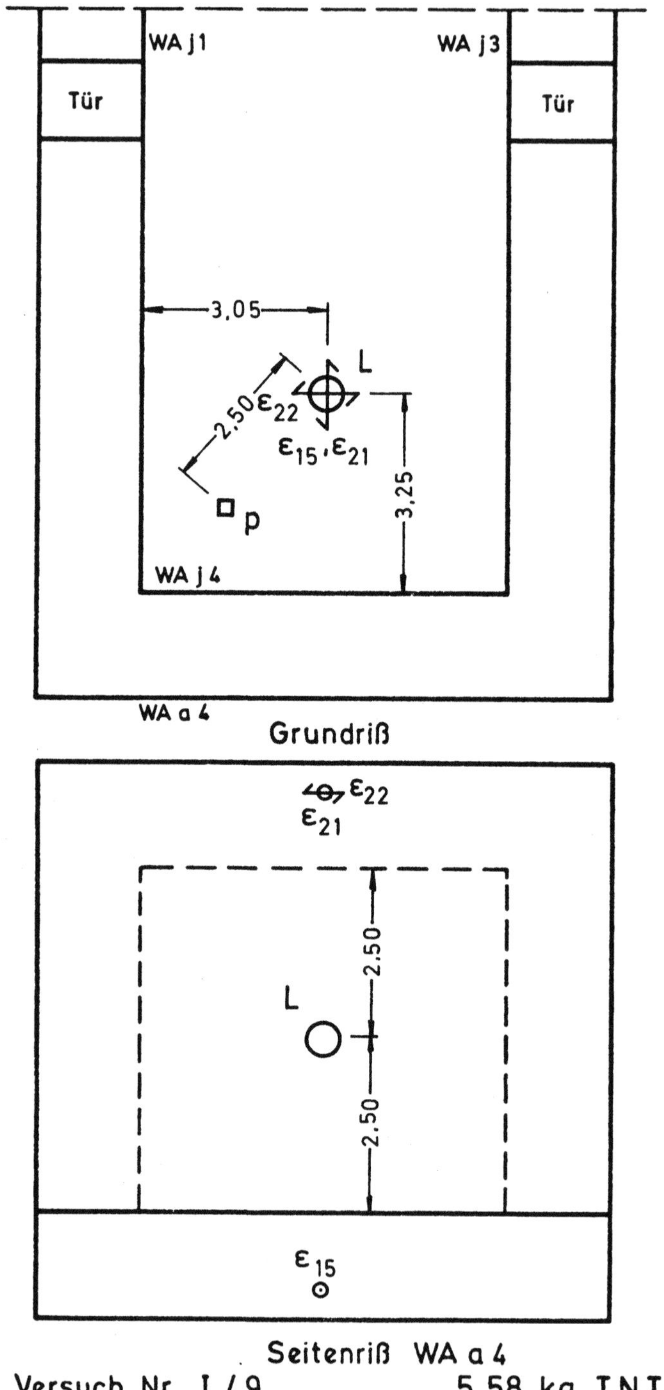

Abb. 29: Unmaßstäbliche Darstellung von Lage und Orientierung der Meßwertaufnehmer im Maßhaus FG II des BICT in Heimerzheim

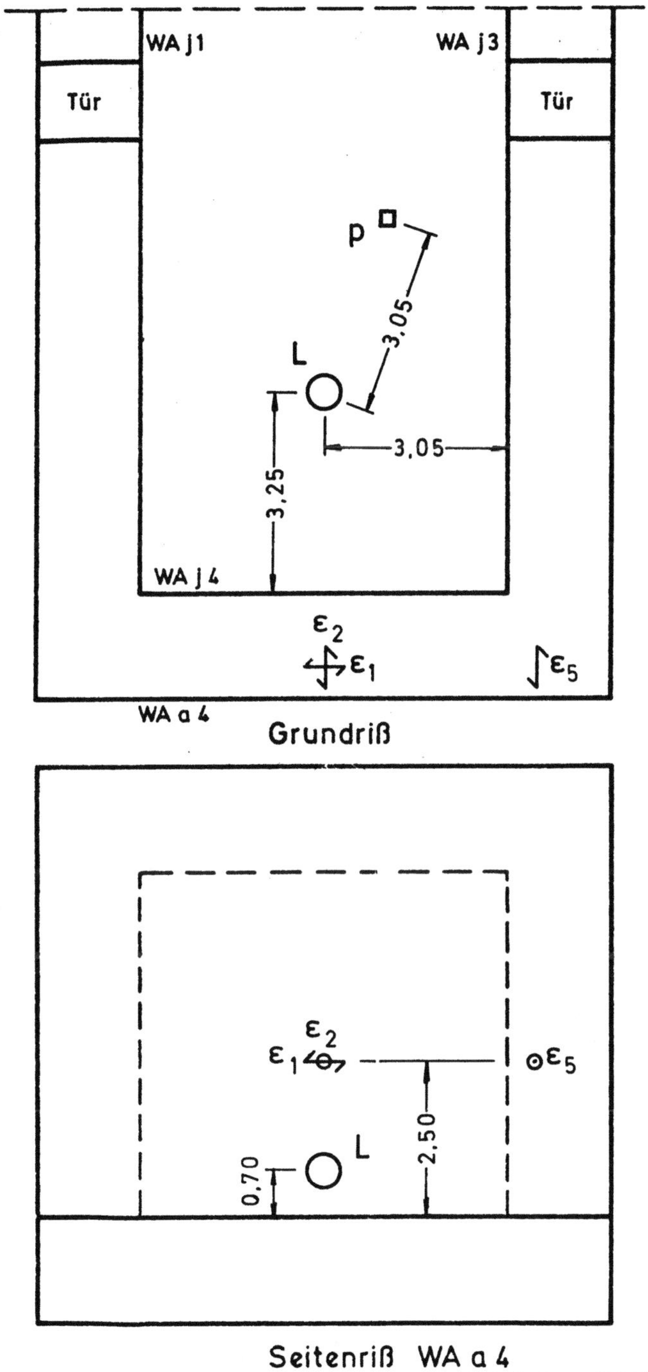

Versuch Nr. I / 10 5,23 kg TNT

Abb. 30: Unmaßstäbliche Darstellung von Lage und Orientierung der Meßwertaufnehmer im Meßhaus FG II des BICT in Heimerzheim

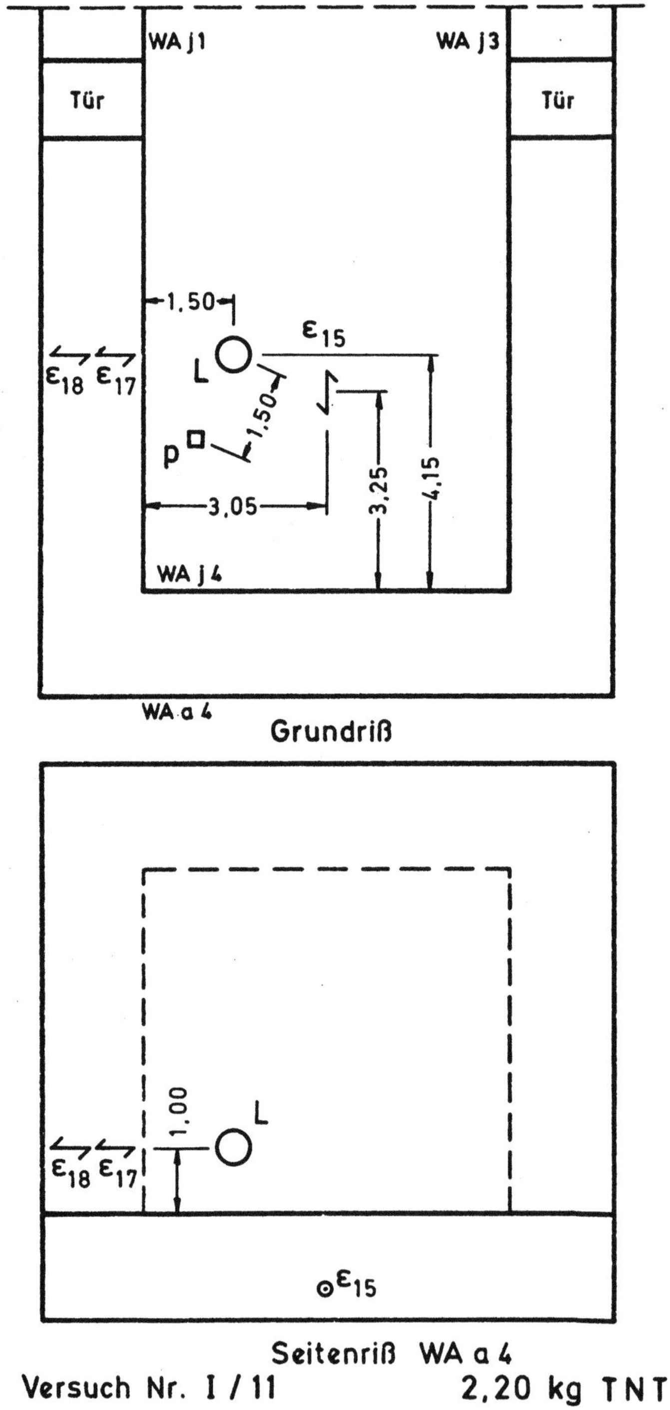

Abb. 31: Unmaßstäbliche Darstellung von Lage und Orientierung der Meßwertaufnehmer im Meßhaus FG II des BICT in Heimerzheim

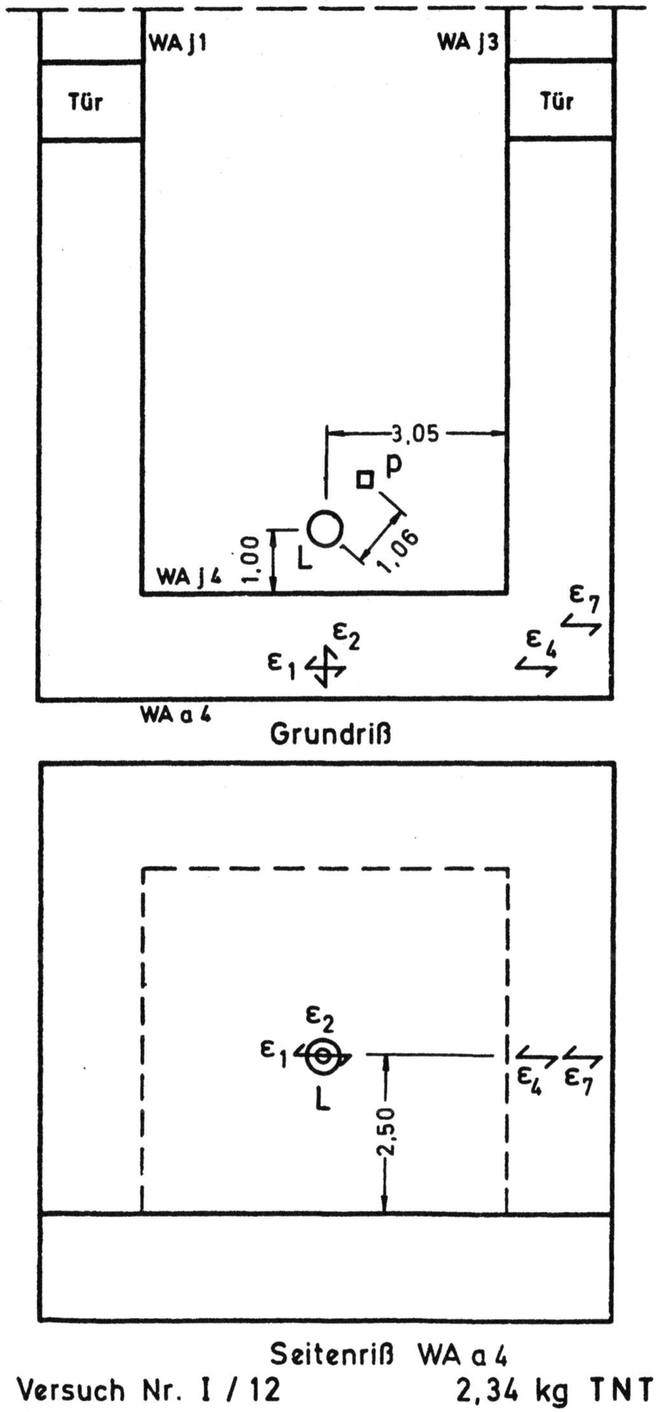

Abb. 32: Unmaßstäbliche Darstellung von Lage und Orientierung der Meßwertaufnehmer im Meßhaus FG II des BICT in Heimerzheim

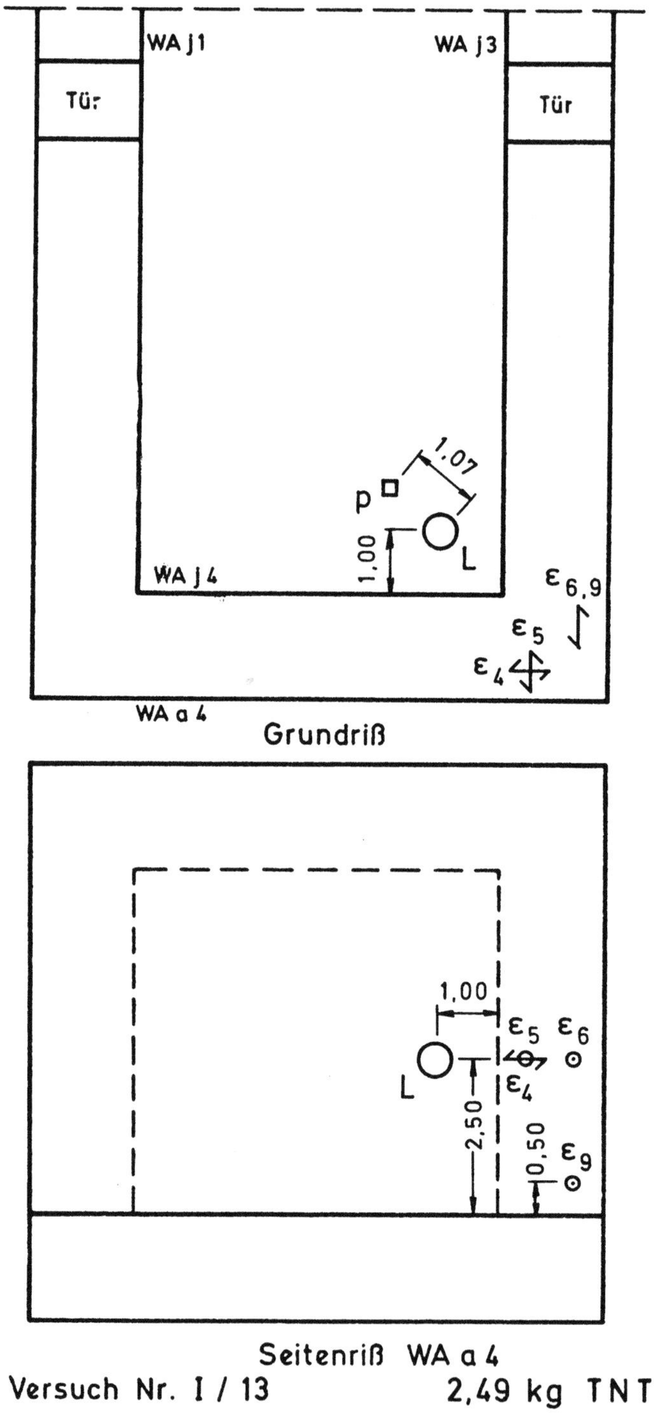

Abb. 33: Unmaßstäbliche Darstellung von Lage und Orientierung der Meßwertaufnehmer im Meßhaus FG II des BICT in Heimerzheim

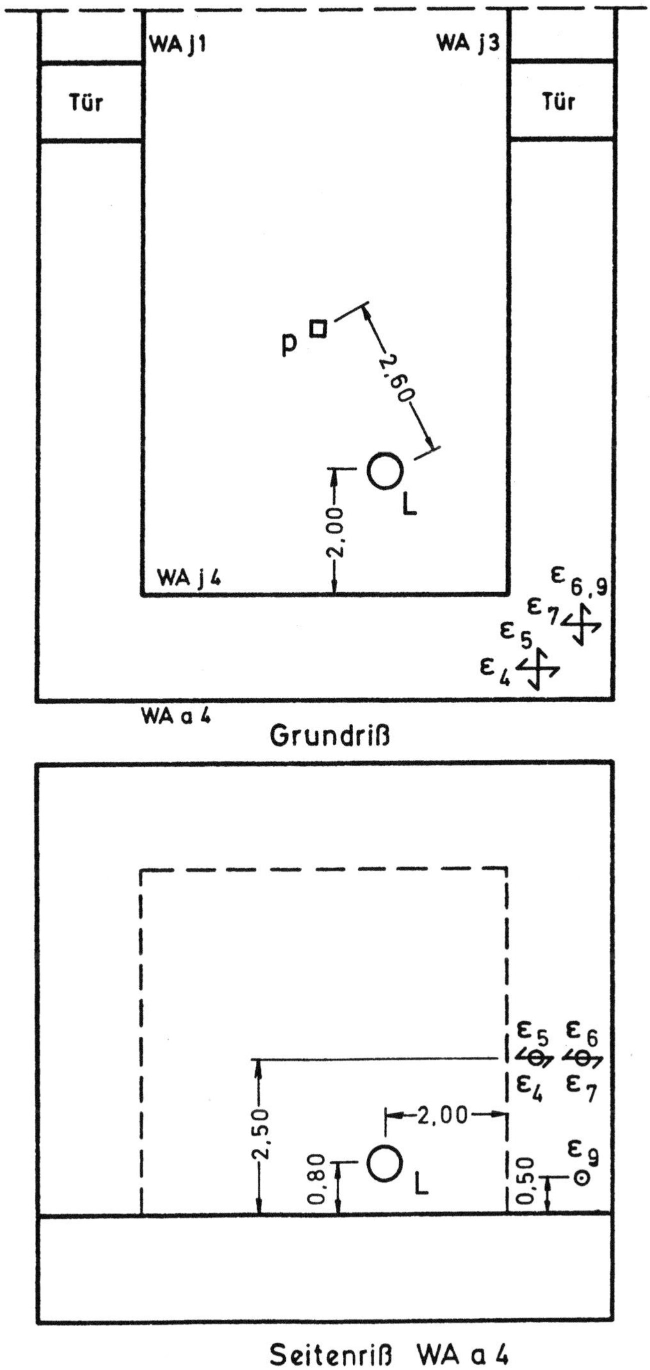

Versuch Nr. I / 14 4,76 kg TNT

Abb. 34: Unmaßstäbliche Darstellung von Lage und Orientierung der Meßwertaufnehmer im Meßhaus FG II des BICT in Heimerzheim

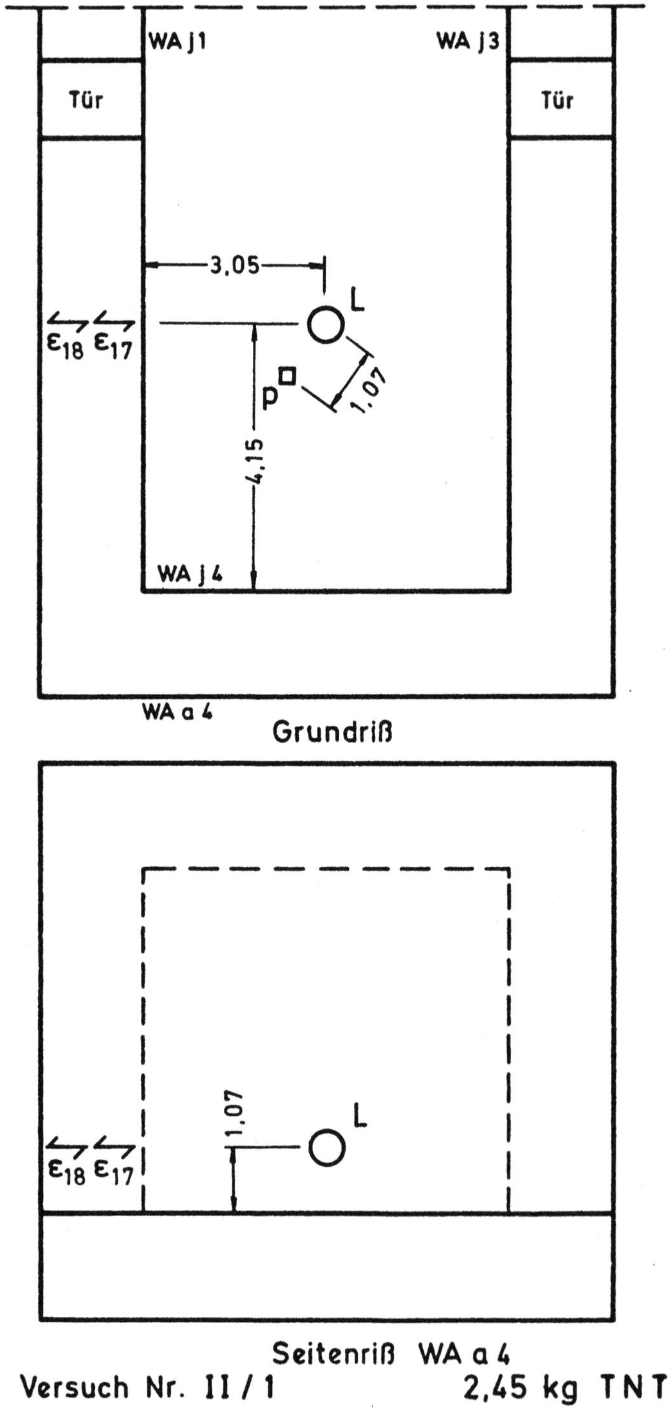

Abb. 35: Unmaßstäbliche Darstellung von Lage und Orientierung der Meßwertaufnehmer im Meßhaus FG II des BICT in Heimerzheim

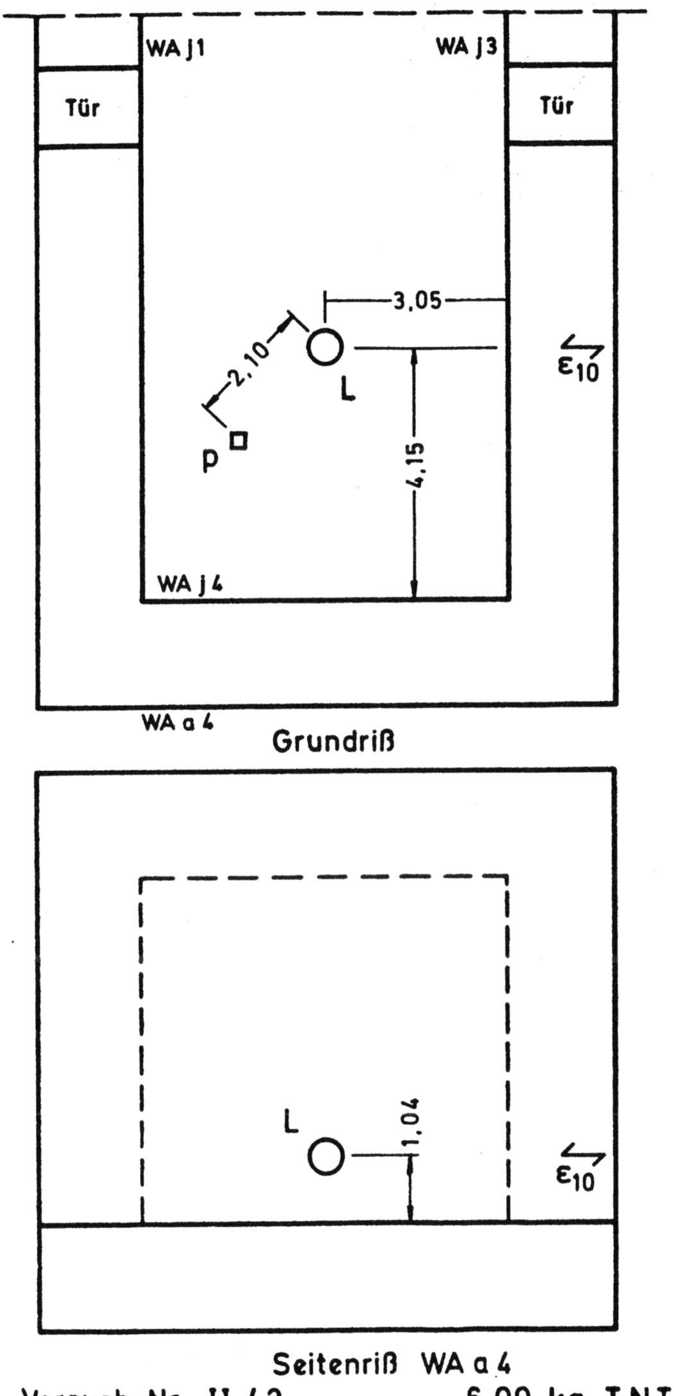

Abb. 36: Unmaßstäbliche Darstellung von Lage und Orientierung der Meßwertaufnehmer im Meßhaus FG II des BICT in Heimerzheim

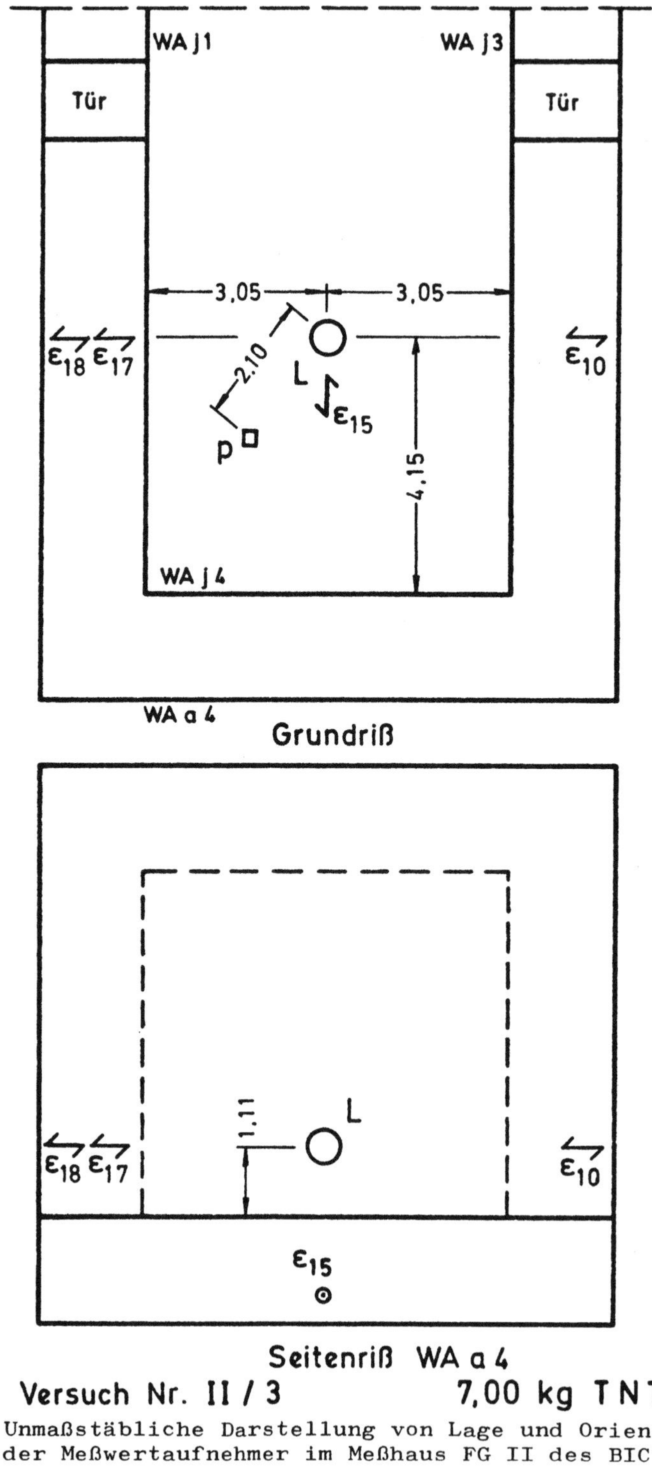

Abb. 37: Unmaßstäbliche Darstellung von Lage und Orientierung der Meßwertaufnehmer im Meßhaus FG II des BICT in Heimerzheim

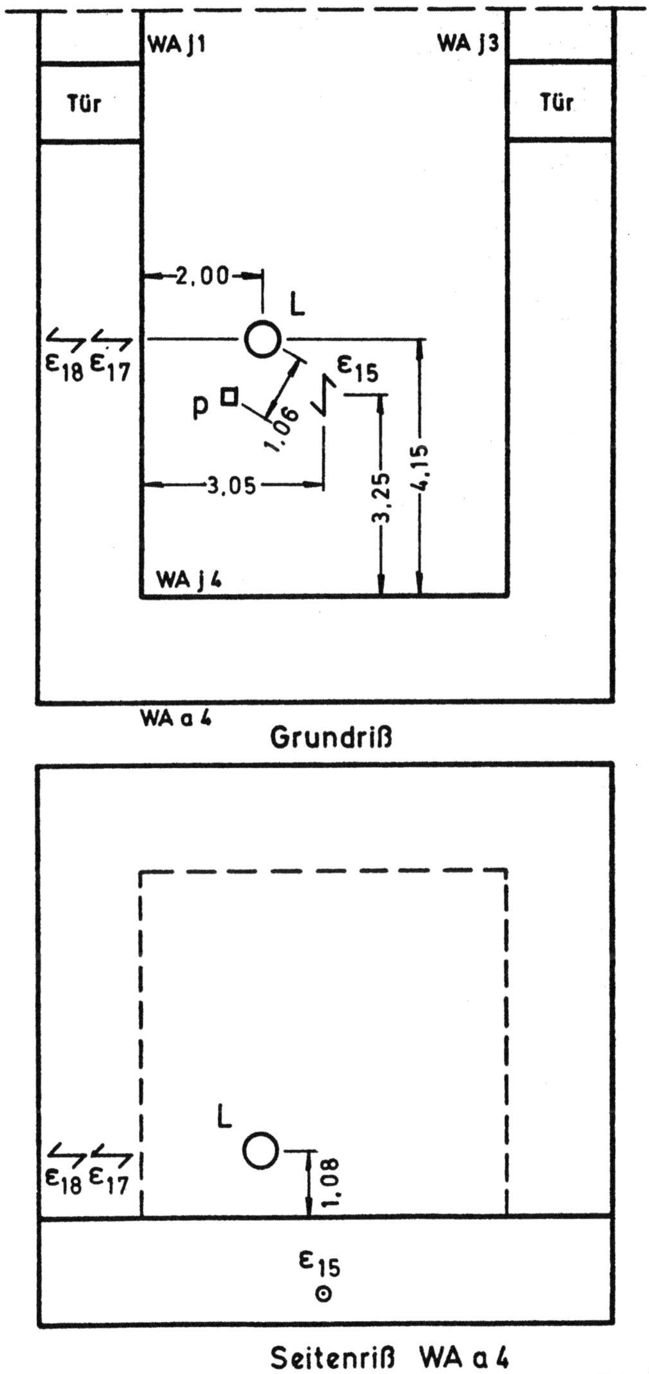

Abb. 38: Unmaßstäbliche Darstellung von Lage und Orientierung der Meßwertaufnehmer im Meßhaus FG II des BICT in Heimerzheim

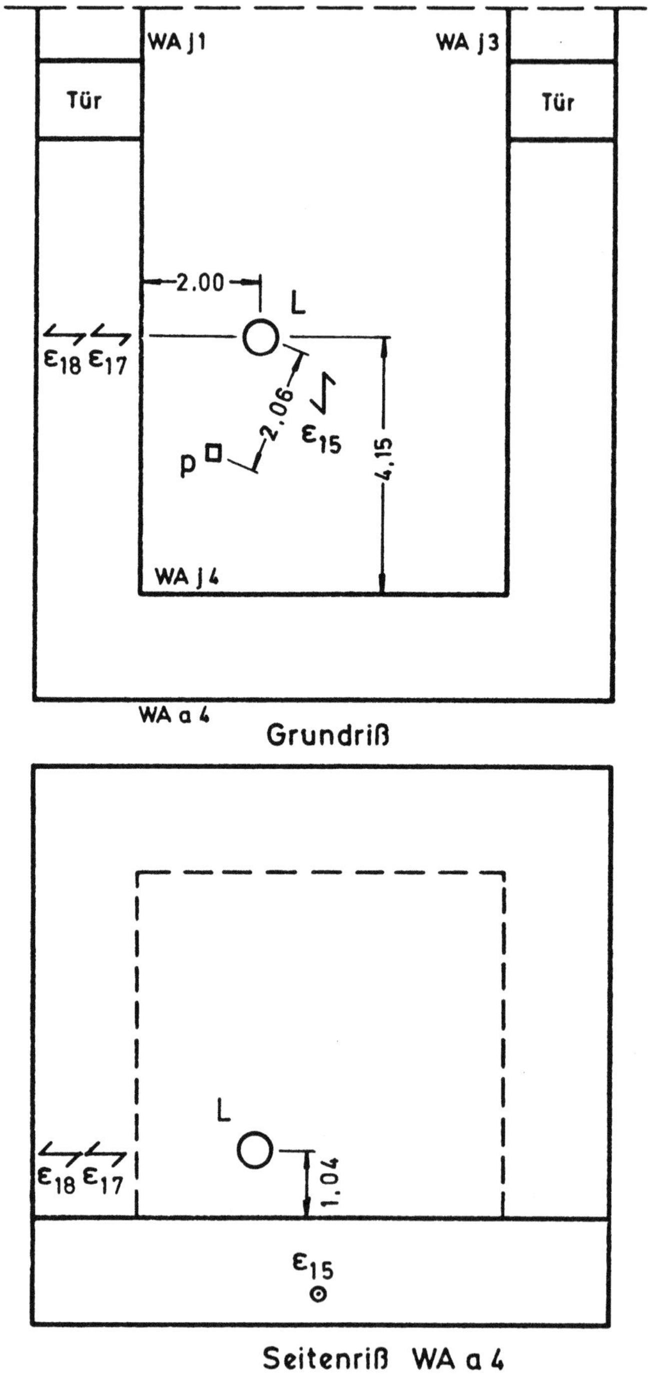

Versuch Nr. II / 5 2,48 kg TNT

Abb. 39: Unmaßstäbliche Darstellung von Lage und Orientierung der Meßwertaufnehmer im Meßhaus FG II des BICT in Heimerzheim

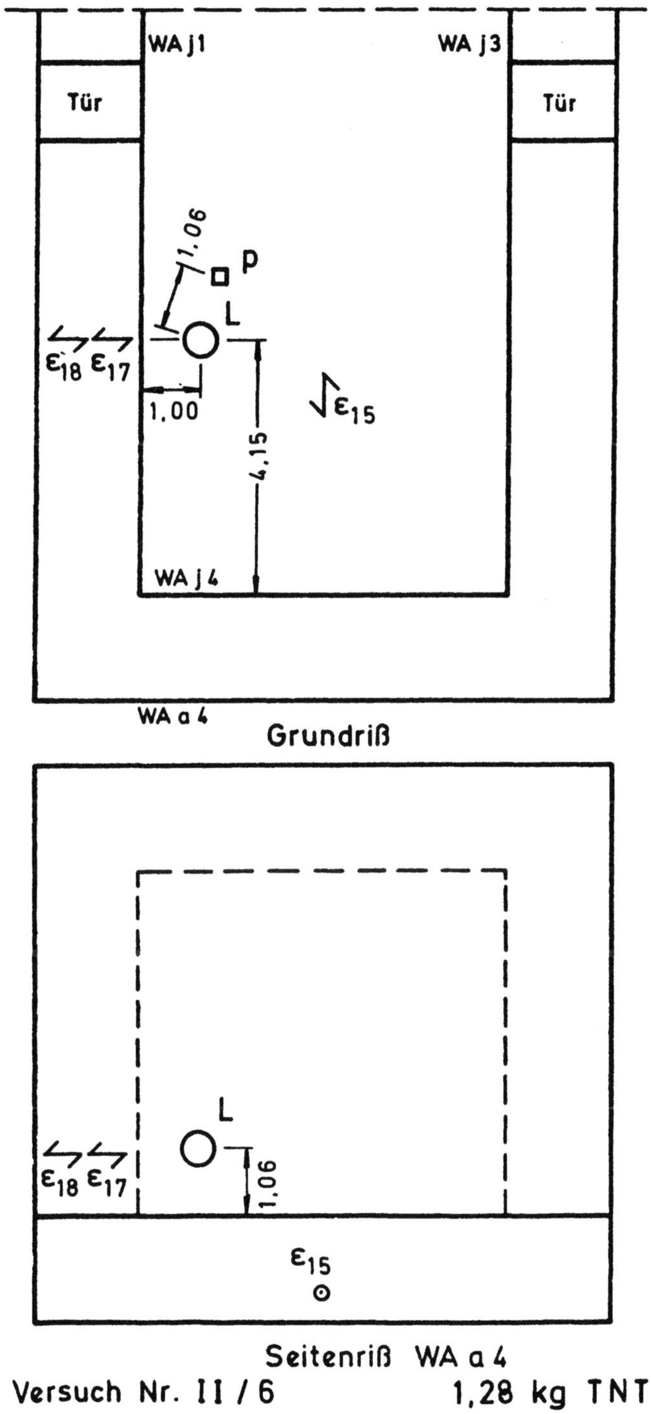

Abb. 40: Unmaßstäbliche Darstellung von Lage und Orientierung der Meßwertaufnehmer im Meßhaus FG II des BICT in Heimerzheim

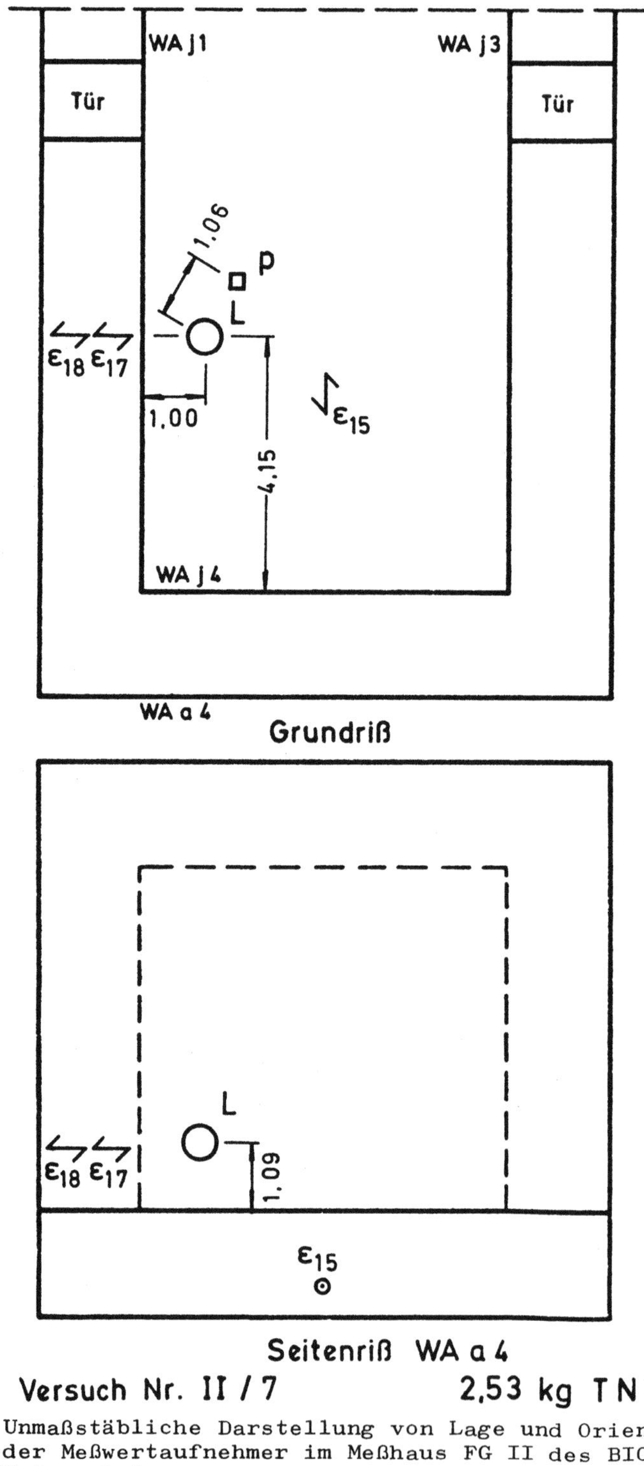

Abb. 41: Unmaßstäbliche Darstellung von Lage und Orientierung der Meßwertaufnehmer im Meßhaus FG II des BICT in Heimerzheim

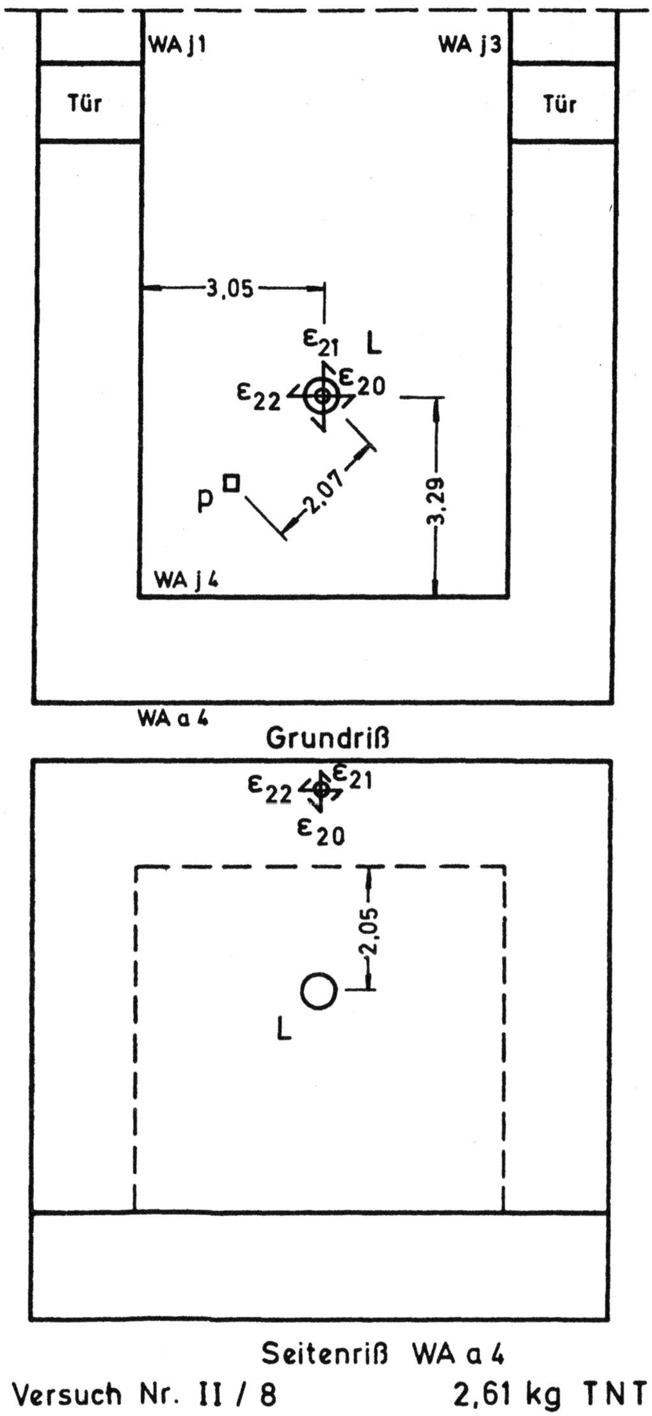

Abb. 42: Unmaßstäbliche Darstellung von Lage und Orientierung der Meßwertaufnehmer im Meßhaus FG II des BICT in Heimerzheim

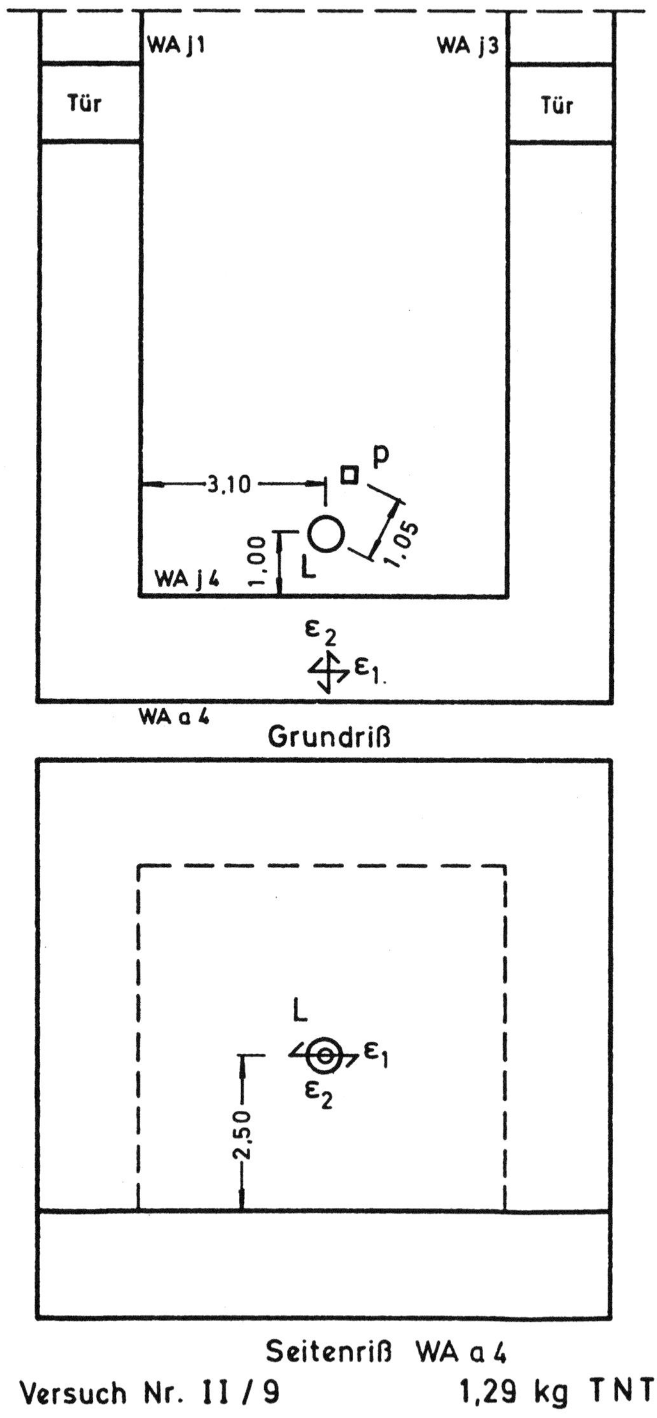

Abb. 43: Unmaßstäbliche Darstellung von Lage und Orientierung der Meßwertaufnehmer im Meßhaus FG II des BICT in Heimerzheim

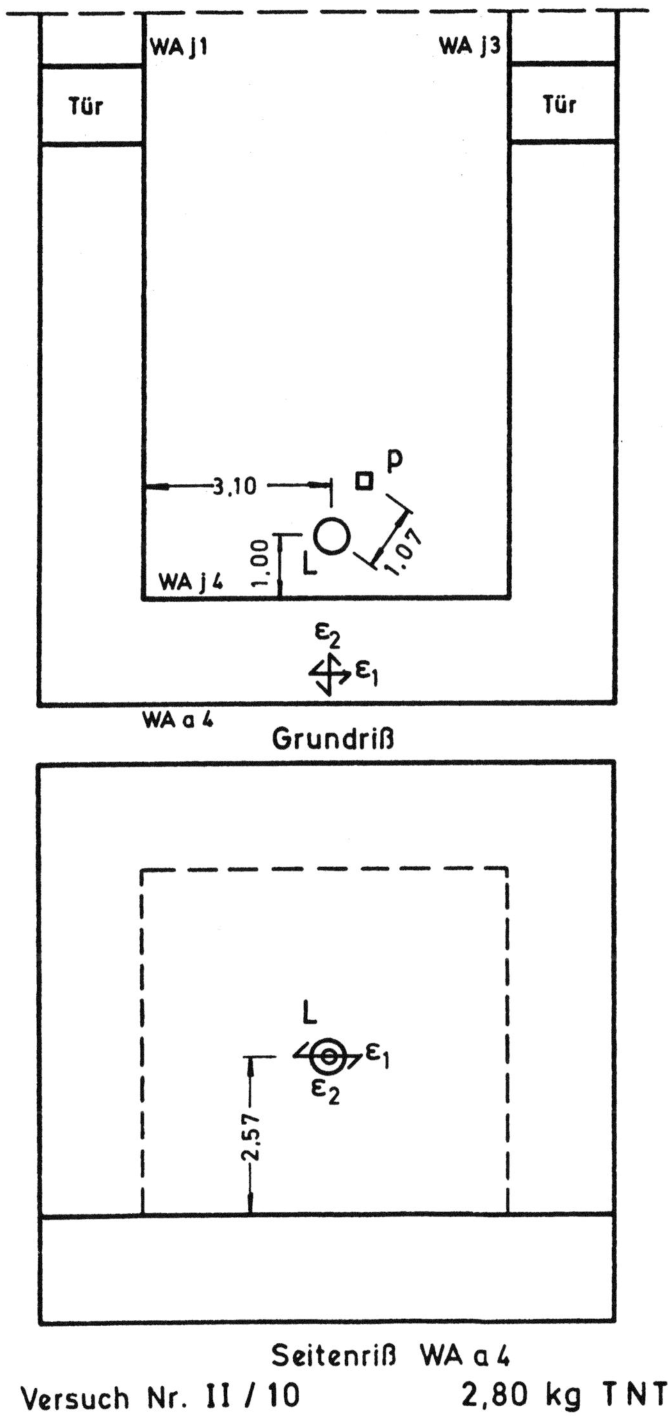

Abb. 44: Unmaßstäbliche Darstellung von Lage und Orientierung der Meßwertaufnehmer im Meßhaus FG II des BICT in Heimerzheim

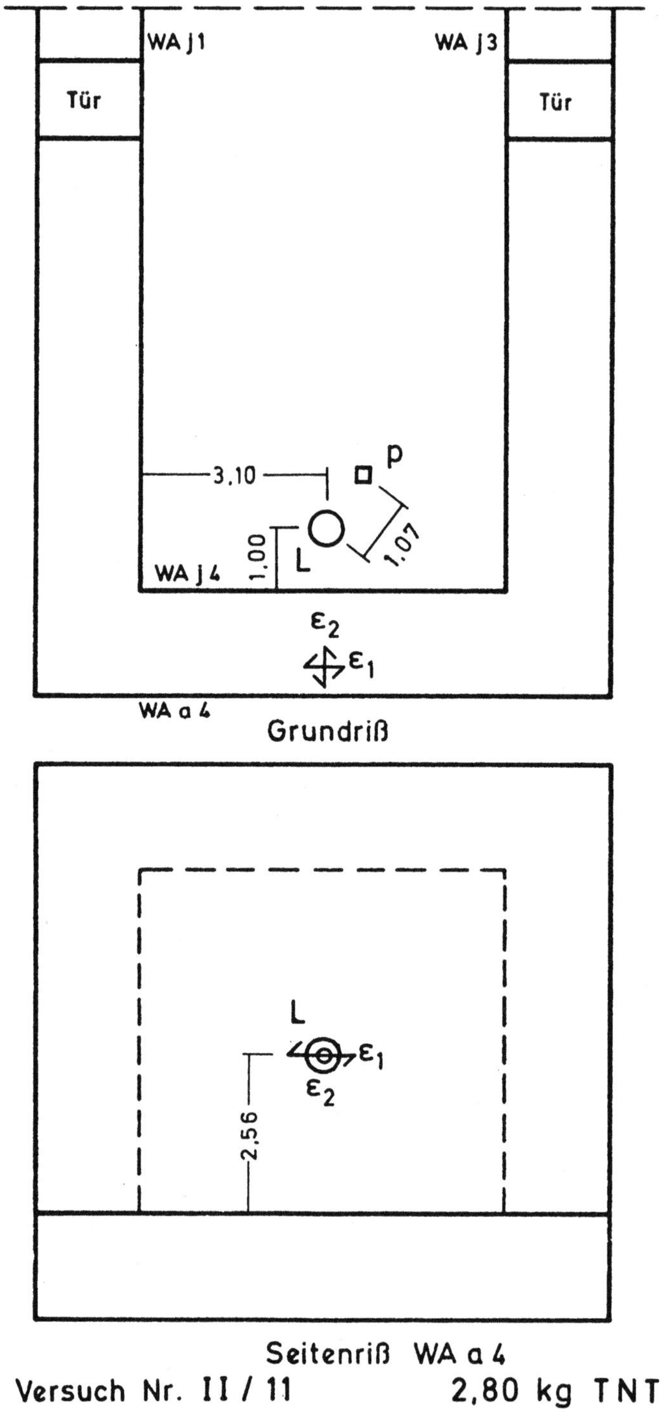

Abb. 45: Unmaßstäbliche Darstellung von Lage und Orientierung der Meßwertaufnehmer im Meßhaus FG II des BICT in Heimerzheim

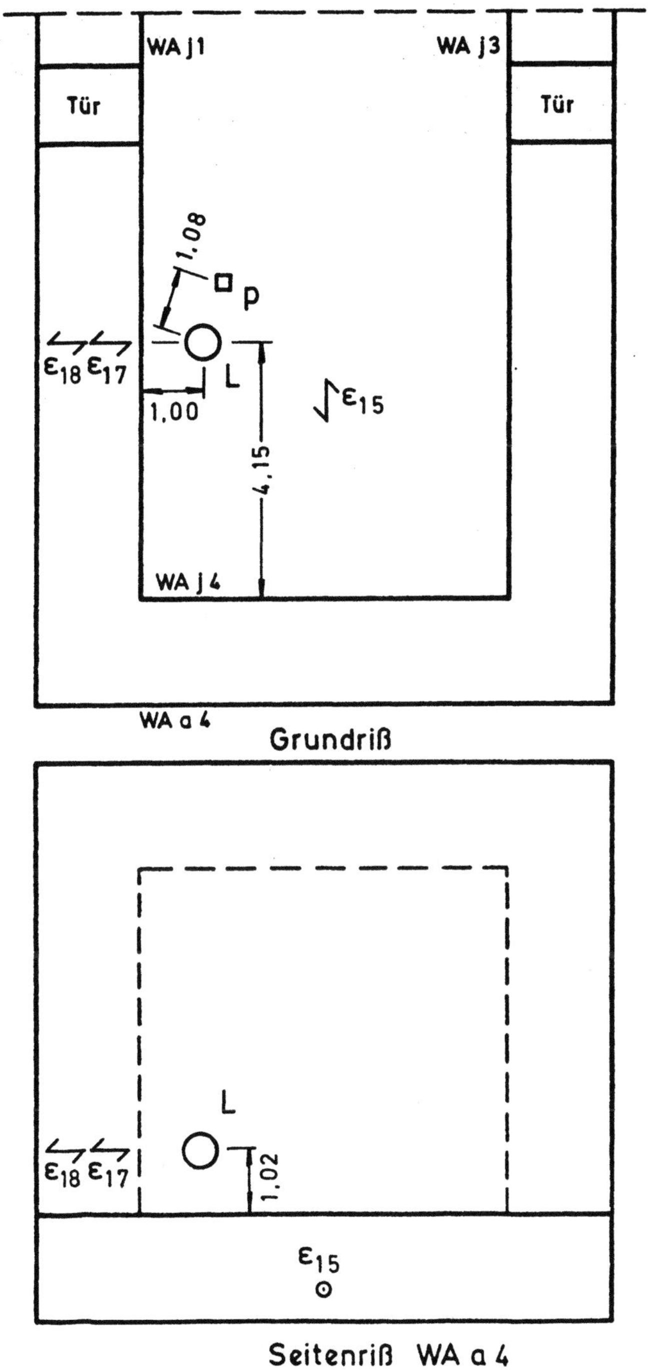

Versuch Nr. II / 12 1,35 kg TNT

Abb. 46: Unmaßstäbliche Darstellung von Lage und Orientierung der Meßwertaufnehmer im Meßhaus FG II des BICT in Heimerzheim

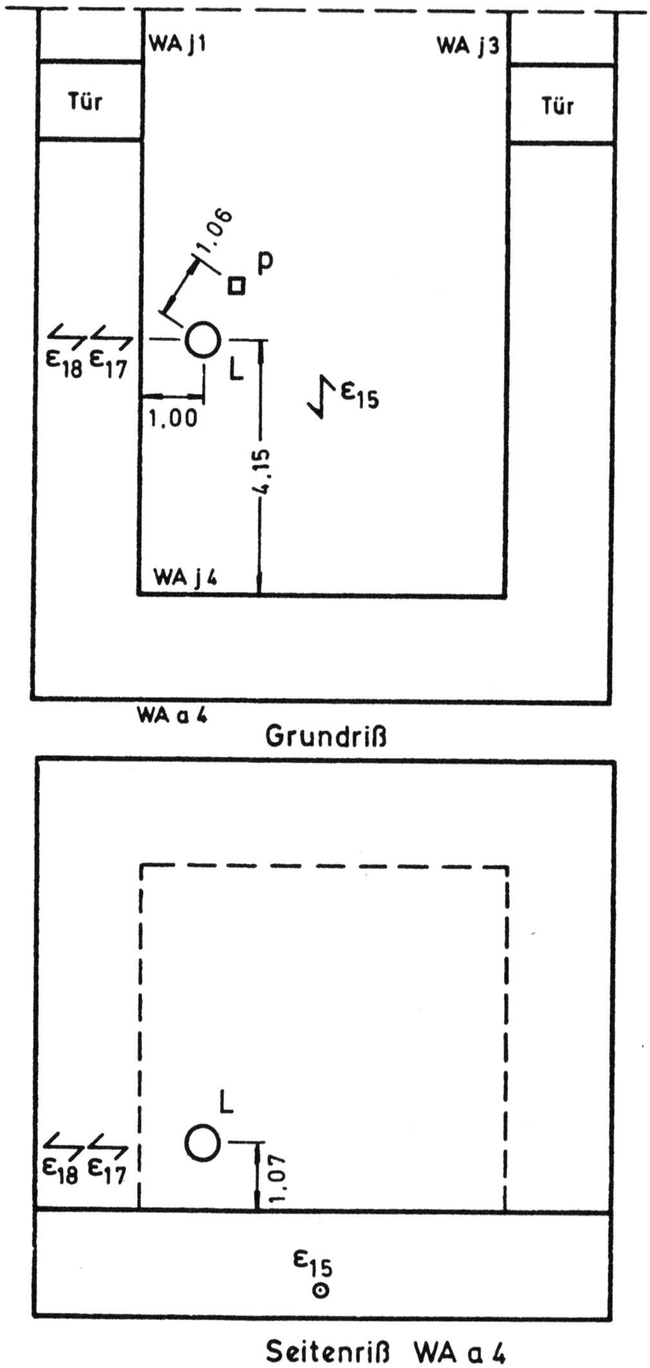

Versuch Nr. II / 13 — 1,40 kg TNT

Abb. 47: Unmaßstäbliche Darstellung von Lage und Orientierung der Meßwertaufnehmer im Meßhaus FG II des BICT in Heimerzheim

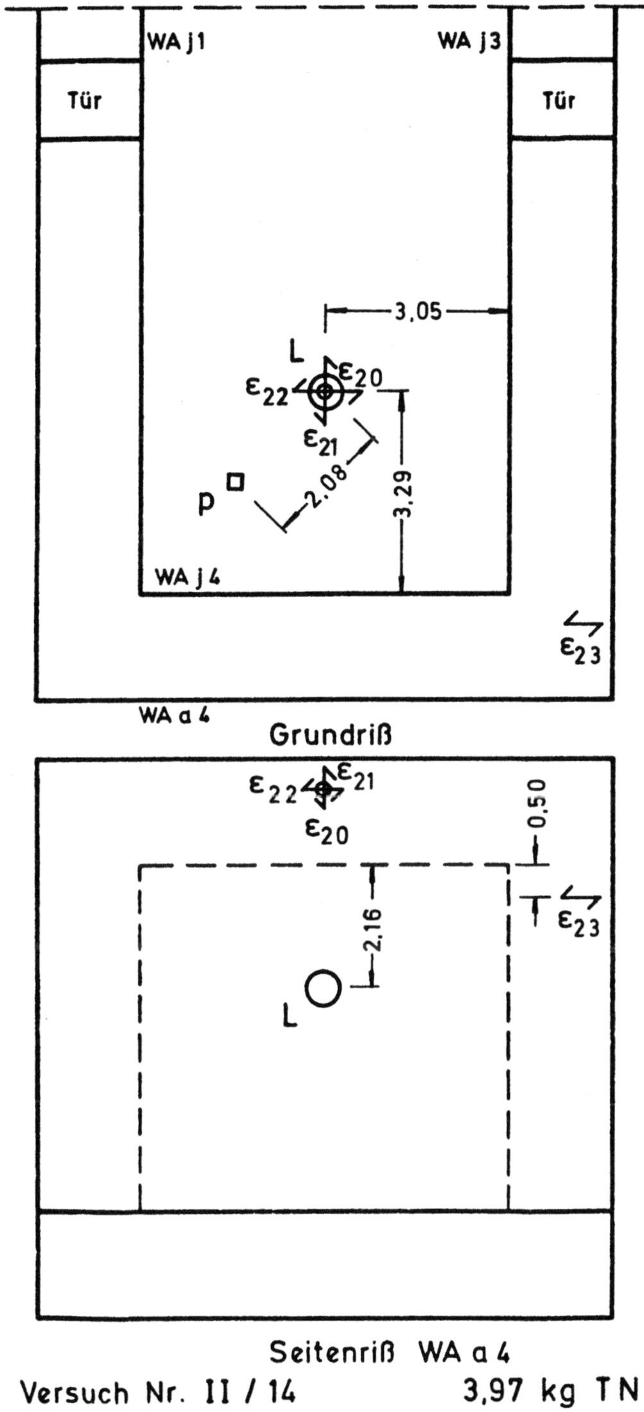

Abb. 48: Unmaßstäbliche Darstellung von Lage und Orientierung der Meßwertaufnehmer im Meßhaus FG II des BICT in Heimerzheim

ERLÄUTERUNG ZU DEN ABBILDUNGEN 49 BIS 142:

Die folgenden Luftdruck- bzw. Betondehnungskurven sind nach Versuchen zusammengefaßt.

Die Bildunterschrift enthält Versuchsparameter, Kurvennummer und Versuchsnummer (V ≙ Vorversuchsserie, I ≙ 1. Hauptversuchsserie, II ≙ 2. Hauptversuchsserie).

Einzelne nadelförmige Ausreißer beinhalten keine Meßwertsprünge, sondern sind vermutlich auf elektrische Störungen während des Datentransfers zurückzuführen.

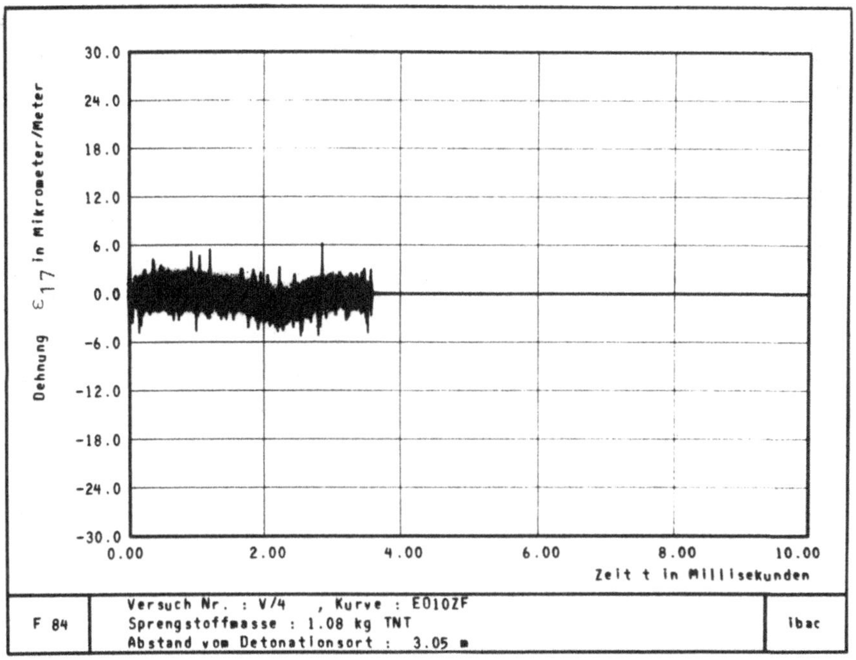
30.0
24.0
18.0
12.0
6.0
0.0
-6.0
-12.0
-18.0
-24.0
-30.0
Dehnung ε17 in Mikrometer/Meter
0.00
2.00
4.00
6.00
8.00
10.00
Zeit t in Millisekunden
F 84
Versuch Nr. : V/4 , Kurve : E010ZF
Sprengstoffmasse : 1.08 kg TNT
Abstand vom Detonationsort : 3.05 m
ibac

Abb. 49:

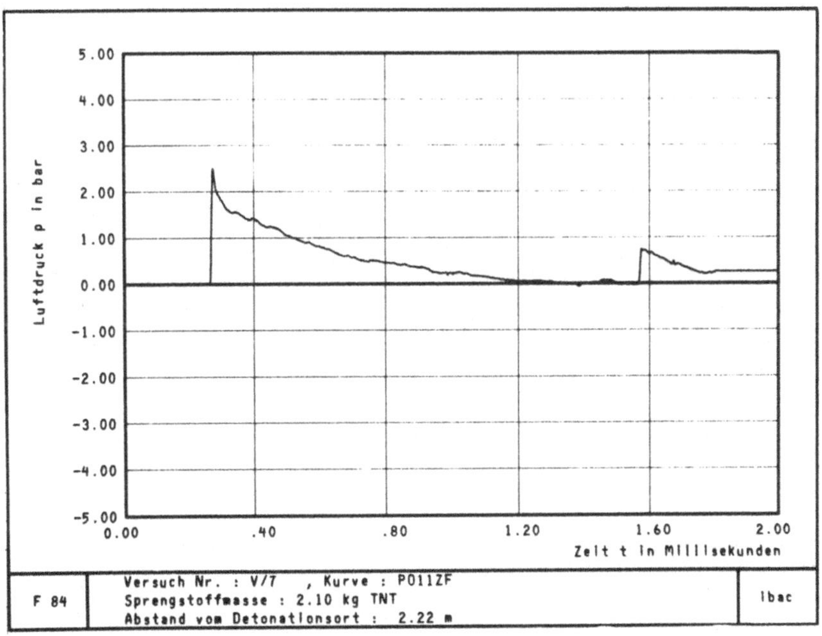
5.00
4.00
3.00
2.00
1.00
0.00
-1.00
-2.00
-3.00
-4.00
-5.00
Luftdruck p in bar
0.00
.40
.80
1.20
1.60
2.00
Zeit t in Millisekunden
F 84
Versuch Nr. : V/7 , Kurve : P011ZF
Sprengstoffmasse : 2.10 kg TNT
Abstand vom Detonationsort : 2.22 m
ibac

Abb. 50:

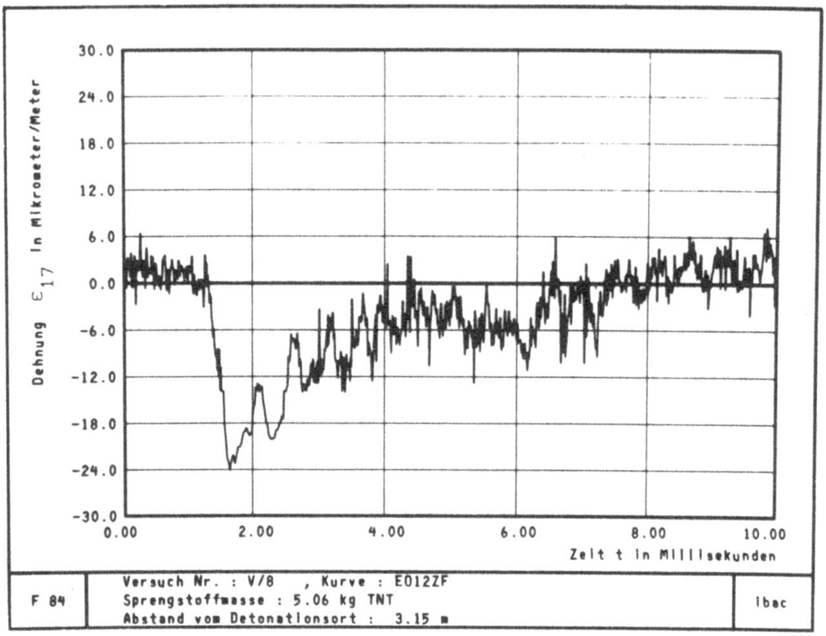
30.0
24.0
18.0
12.0
6.0
0.0
-6.0
-12.0
-18.0
-24.0
-30.0
Dehnung ε_{17} in Mikrometer/Meter
0.00
2.00
4.00
6.00
8.00
10.00
Zeit t in Millisekunden
F 84
Versuch Nr. : V/8 , Kurve : E012ZF
Sprengstoffmasse : 5.06 kg TNT
Abstand vom Detonationsort : 3.15 m
ibac

Abb. 51:

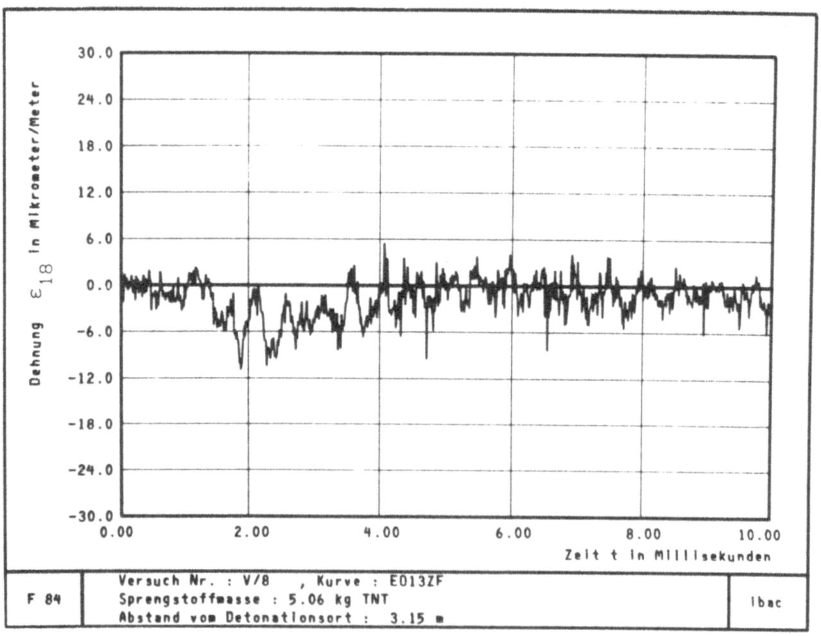
30.0
24.0
18.0
12.0
6.0
0.0
-6.0
-12.0
-18.0
-24.0
-30.0
Dehnung ε_{18} in Mikrometer/Meter
0.00
2.00
4.00
6.00
8.00
10.00
Zeit t in Millisekunden
F 84
Versuch Nr. : V/8 , Kurve : E013ZF
Sprengstoffmasse : 5.06 kg TNT
Abstand vom Detonationsort : 3.15 m
ibac

Abb. 52:

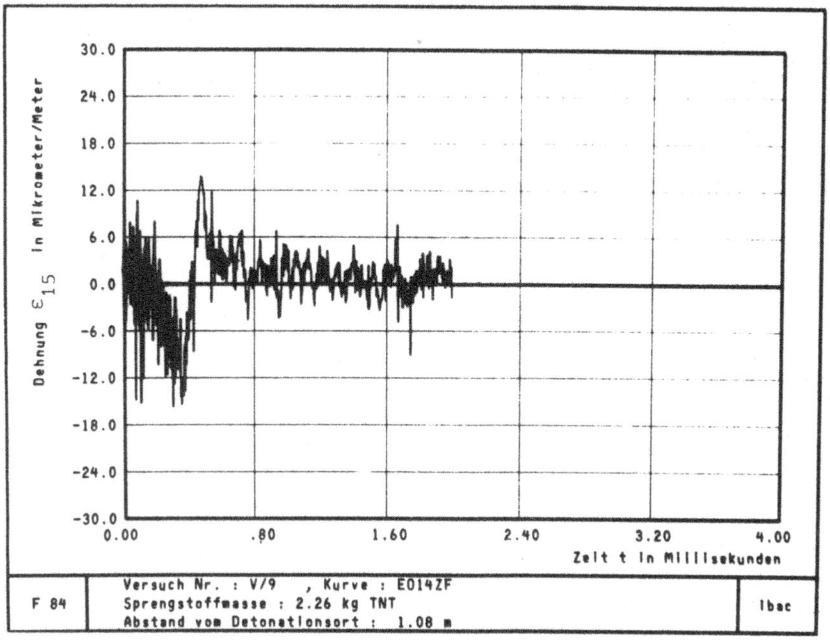
30.0
24.0
18.0
12.0
6.0
0.0
-6.0
-12.0
-18.0
-24.0
-30.0
Dehnung ε15 in Mikrometer/Meter
0.00
.80
1.60
2.40
3.20
4.00
Zeit t in Millisekunden
F 84
Versuch Nr. : V/9 , Kurve : E014ZF
Sprengstoffmasse : 2.26 kg TNT
Abstand vom Detonationsort : 1.08 m
ibac

Abb. 53:

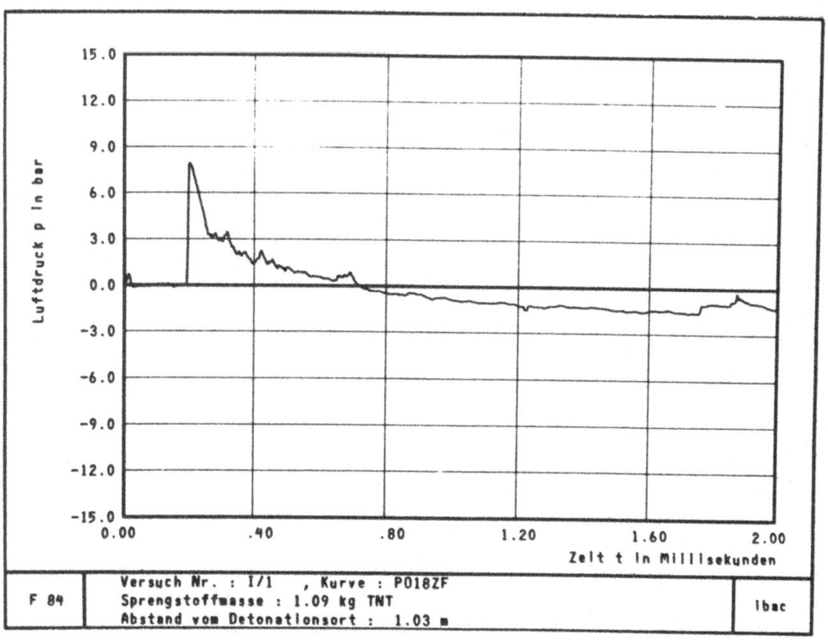
15.0
12.0
9.0
6.0
3.0
0.0
-3.0
-6.0
-9.0
-12.0
-15.0
Luftdruck p in bar
0.00
.40
.80
1.20
1.60
2.00
Zeit t in Millisekunden
F 84
Versuch Nr. : I/1 , Kurve : P018ZF
Sprengstoffmasse : 1.09 kg TNT
Abstand vom Detonationsort : 1.03 m
ibac

Abb. 54:

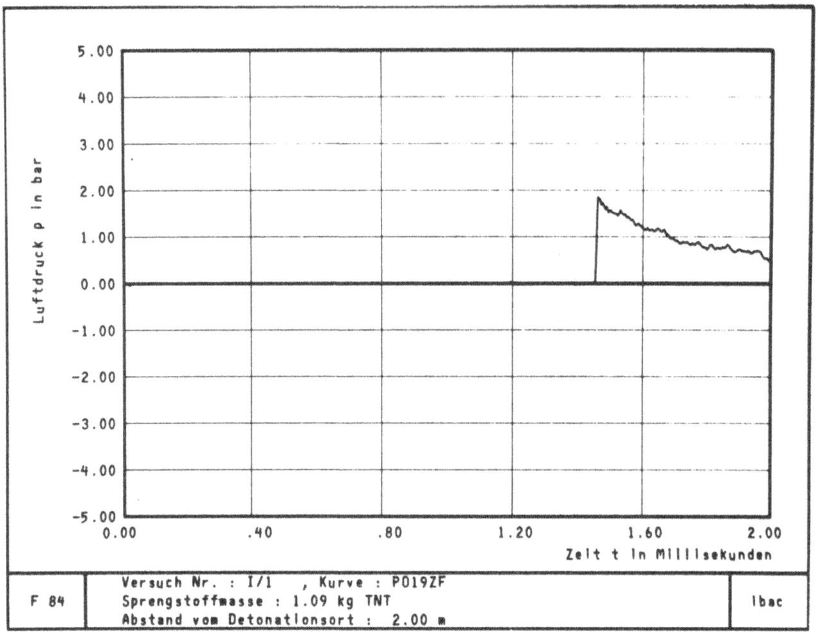

5.00
4.00
3.00
2.00
1.00
0.00
-1.00
-2.00
-3.00
-4.00
-5.00
Luftdruck p in bar
0.00
.40
.80
1.20
1.60
2.00
Zeit t in Millisekunden
F 84
Versuch Nr. : I/1 , Kurve : P019ZF
Sprengstoffmasse : 1.09 kg TNT
Abstand vom Detonationsort : 2.00 m
Ibac

Abb. 55:

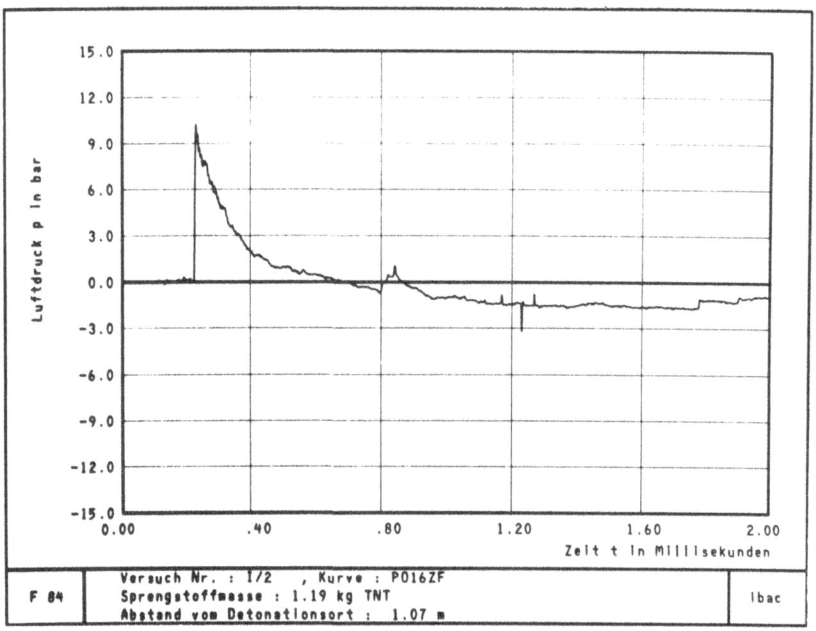

15.0
12.0
9.0
6.0
3.0
0.0
-3.0
-6.0
-9.0
-12.0
-15.0
Luftdruck p in bar
0.00
.40
.80
1.20
1.60
2.00
Zeit t in Millisekunden
F 84
Versuch Nr. : I/2 , Kurve : P016ZF
Sprengstoffmasse : 1.19 kg TNT
Abstand vom Detonationsort : 1.07 m
Ibac

Abb. 56:

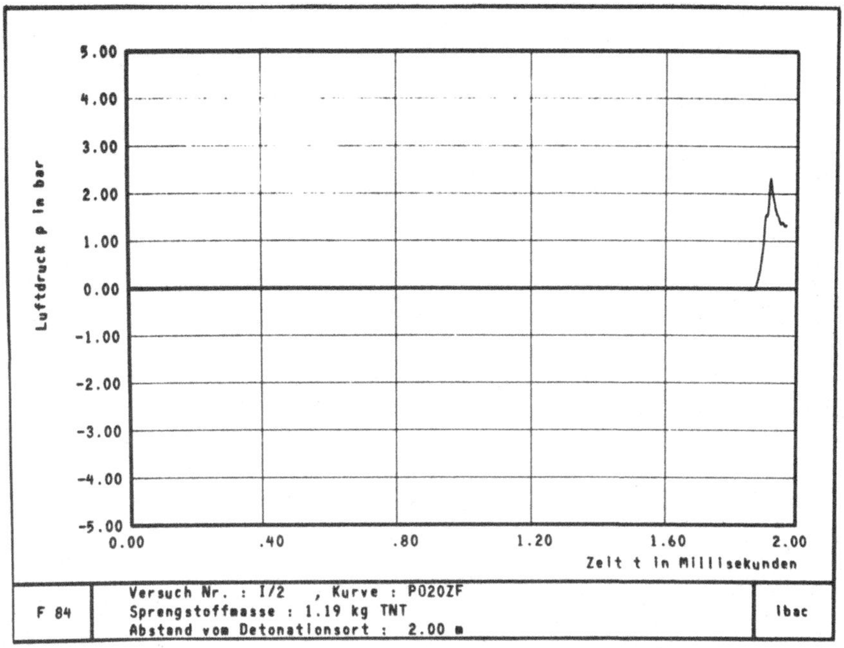
5.00
4.00
3.00
2.00
1.00
0.00
-1.00
-2.00
-3.00
-4.00
-5.00
Luftdruck p in bar
0.00
.40
.80
1.20
1.60
2.00
Zeit t in Millisekunden
F 84
Versuch Nr. : I/2 , Kurve : P020ZF
Sprengstoffmasse : 1.19 kg TNT
Abstand vom Detonationsort : 2.00 m
ibac

Abb. 57:

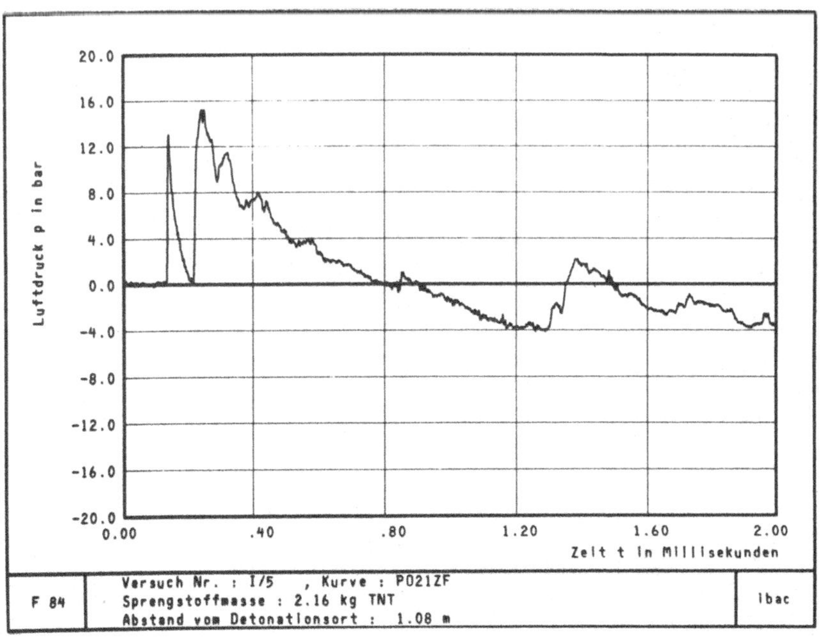
20.0
16.0
12.0
8.0
4.0
0.0
-4.0
-8.0
-12.0
-16.0
-20.0
Luftdruck p in bar
0.00
.40
.80
1.20
1.60
2.00
Zeit t in Millisekunden
F 84
Versuch Nr. : I/5 , Kurve : P021ZF
Sprengstoffmasse : 2.16 kg TNT
Abstand vom Detonationsort : 1.08 m
ibac

Abb. 58:

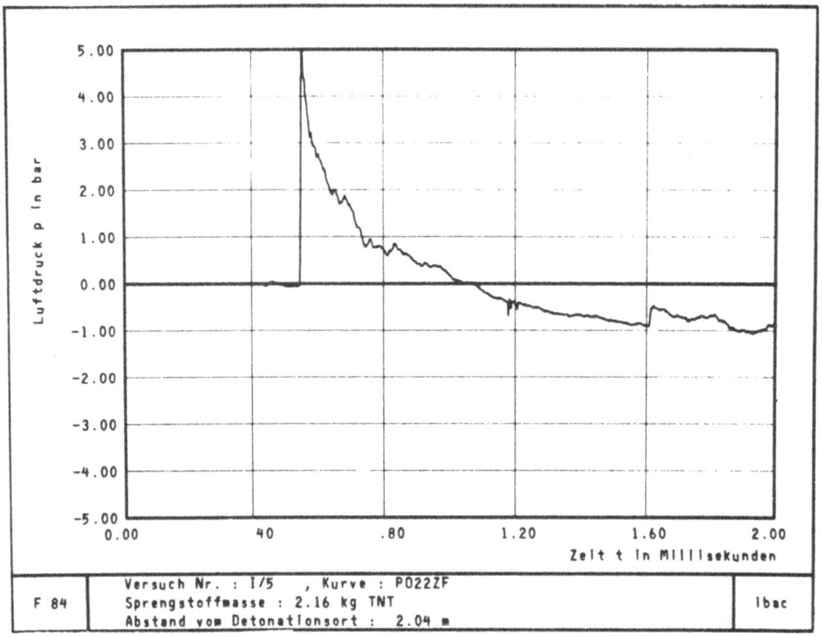
5.00
4.00
3.00
2.00
1.00
0.00
-1.00
-2.00
-3.00
-4.00
-5.00
Luftdruck p in bar
0.00
.40
.80
1.20
1.60
2.00
Zeit t in Millisekunden
F 84
Versuch Nr. : I/5 , Kurve : P022ZF
Sprengstoffmasse : 2.16 kg TNT
Abstand vom Detonationsort : 2.04 m
Ibac

Abb. 59:

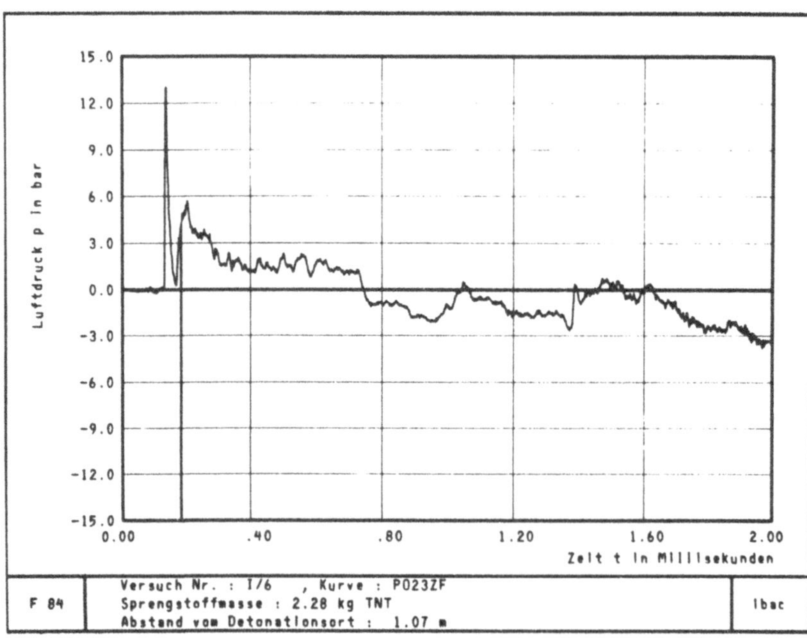
15.0
12.0
9.0
6.0
3.0
0.0
-3.0
-6.0
-9.0
-12.0
-15.0
Luftdruck p in bar
0.00
.40
.80
1.20
1.60
2.00
Zeit t in Millisekunden
F 84
Versuch Nr. : I/6 , Kurve : P023ZF
Sprengstoffmasse : 2.28 kg TNT
Abstand vom Detonationsort : 1.07 m
Ibac

Abb. 60:

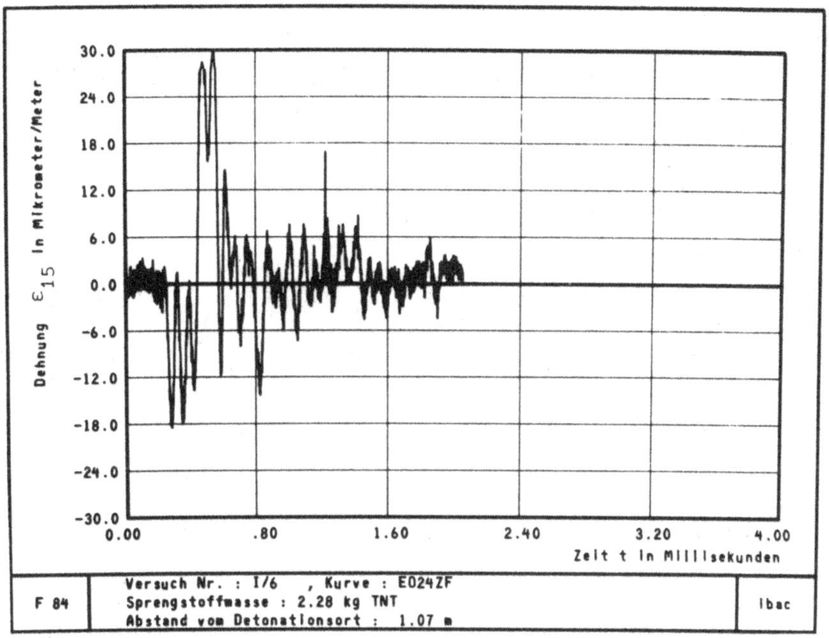
30.0
24.0
18.0
12.0
6.0
0.0
-6.0
-12.0
-18.0
-24.0
-30.0
Dehnung ε15 in Mikrometer/Meter
0.00
.80
1.60
2.40
3.20
4.00
Zeit t in Millisekunden
F 84
Versuch Nr. : I/6 , Kurve : E024ZF
Sprengstoffmasse : 2.28 kg TNT
Abstand vom Detonationsort : 1.07 m
ibac

Abb. 61:

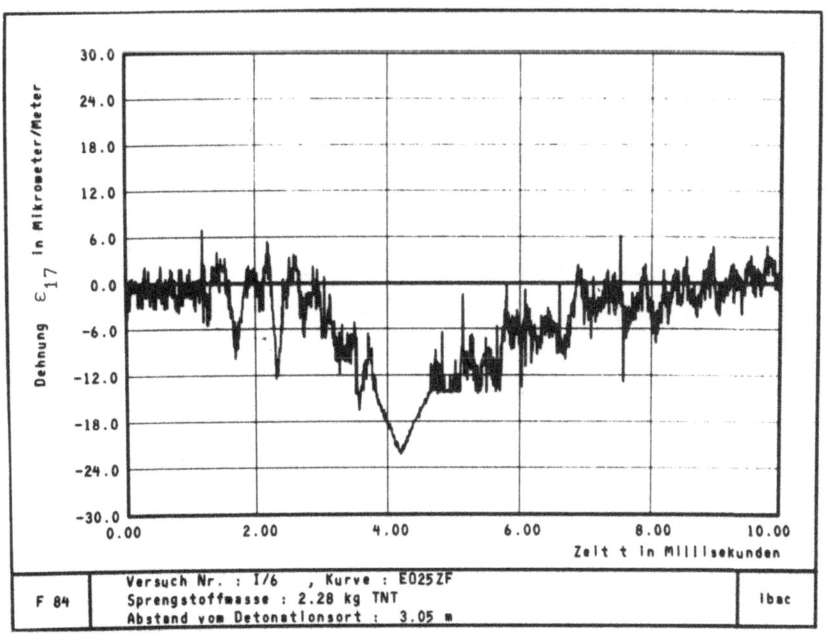
30.0
24.0
18.0
12.0
6.0
0.0
-6.0
-12.0
-18.0
-24.0
-30.0
Dehnung ε17 in Mikrometer/Meter
0.00
2.00
4.00
6.00
8.00
10.00
Zeit t in Millisekunden
F 84
Versuch Nr. : I/6 , Kurve : E025ZF
Sprengstoffmasse : 2.28 kg TNT
Abstand vom Detonationsort : 3.05 m
ibac

Abb. 62:

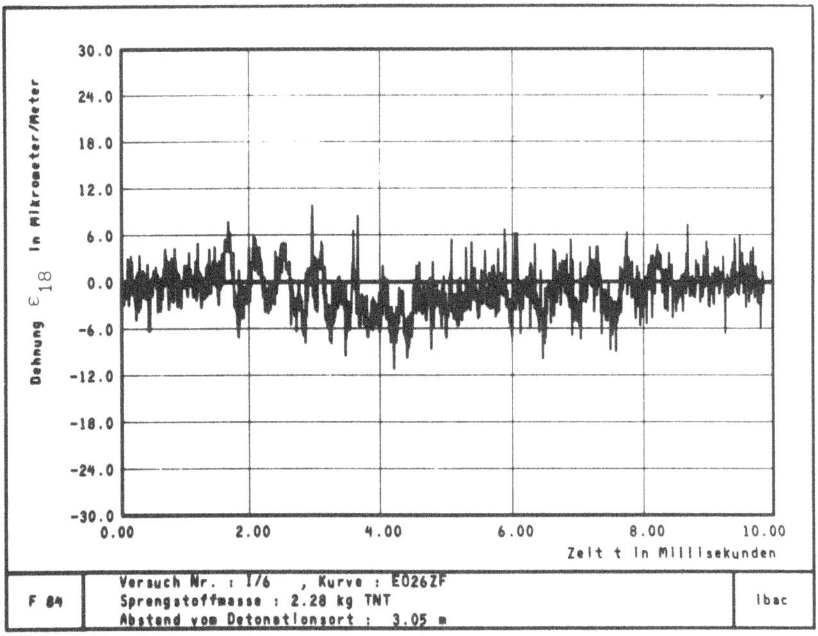
30.0
24.0
18.0
12.0
6.0
0.0
-6.0
-12.0
-18.0
-24.0
-30.0
Dehnung ε18 in Mikrometer/Meter
0.00
2.00
4.00
6.00
8.00
10.00
Zeit t in Millisekunden
F 84
Versuch Nr. : I/6 , Kurve : E026ZF
Sprengstoffmasse : 2.28 kg TNT
Abstand vom Detonationsort : 3.05 m
ibac

Abb. 63:

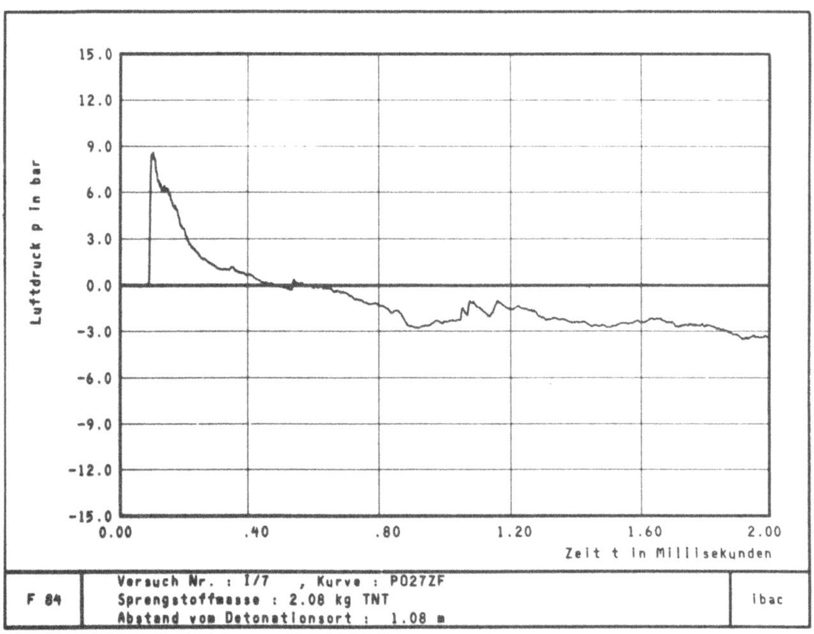
15.0
12.0
9.0
6.0
3.0
0.0
-3.0
-6.0
-9.0
-12.0
-15.0
Luftdruck p in bar
0.00
.40
.80
1.20
1.60
2.00
Zeit t in Millisekunden
F 84
Versuch Nr. : I/7 , Kurve : P027ZF
Sprengstoffmasse : 2.08 kg TNT
Abstand vom Detonationsort : 1.08 m
ibac

Abb. 64:

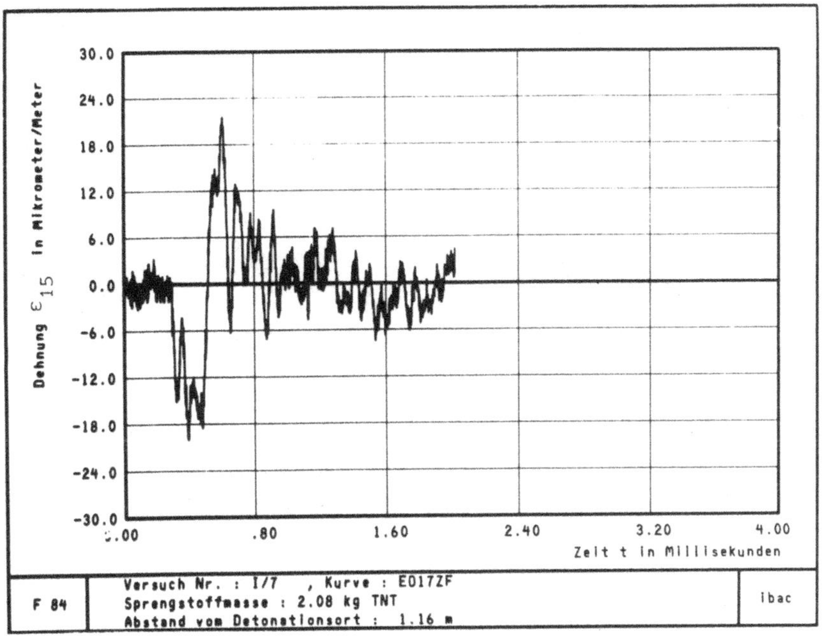
30.0
24.0
18.0
12.0
6.0
0.0
-6.0
-12.0
-18.0
-24.0
-30.0
Dehnung ε15 in Mikrometer/Meter
.80
1.60
2.40
3.20
4.00
Zeit t in Millisekunden
F 84
Versuch Nr. : I/7 , Kurve : E017ZF
Sprengstoffmasse : 2.08 kg TNT
Abstand vom Detonationsort : 1.16 m
ibac

Abb. 65:

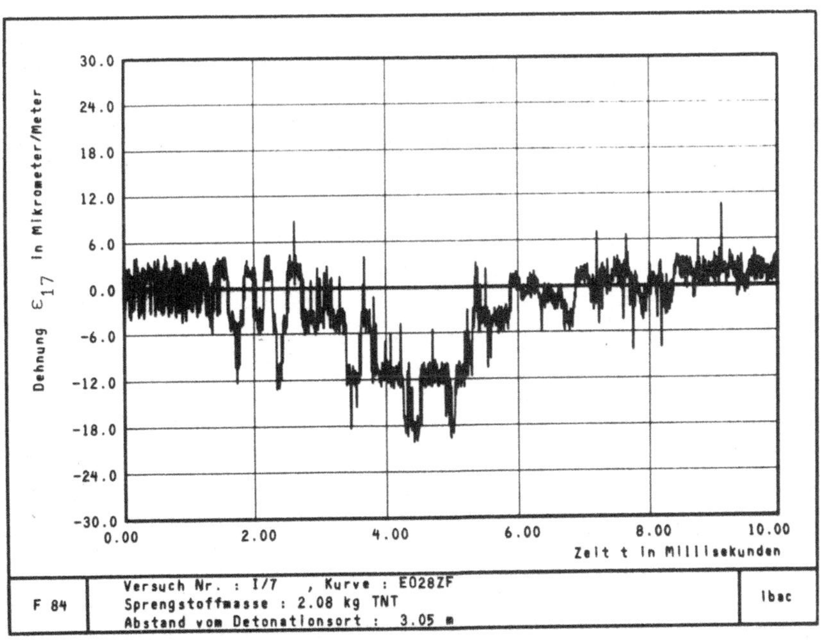
30.0
24.0
18.0
12.0
6.0
0.0
-6.0
-12.0
-18.0
-24.0
-30.0
Dehnung ε17 in Mikrometer/Meter
0.00
2.00
4.00
6.00
8.00
10.00
Zeit t in Millisekunden
F 84
Versuch Nr. : I/7 , Kurve : E028ZF
Sprengstoffmasse : 2.08 kg TNT
Abstand vom Detonationsort : 3.05 m
ibac

Abb. 66:

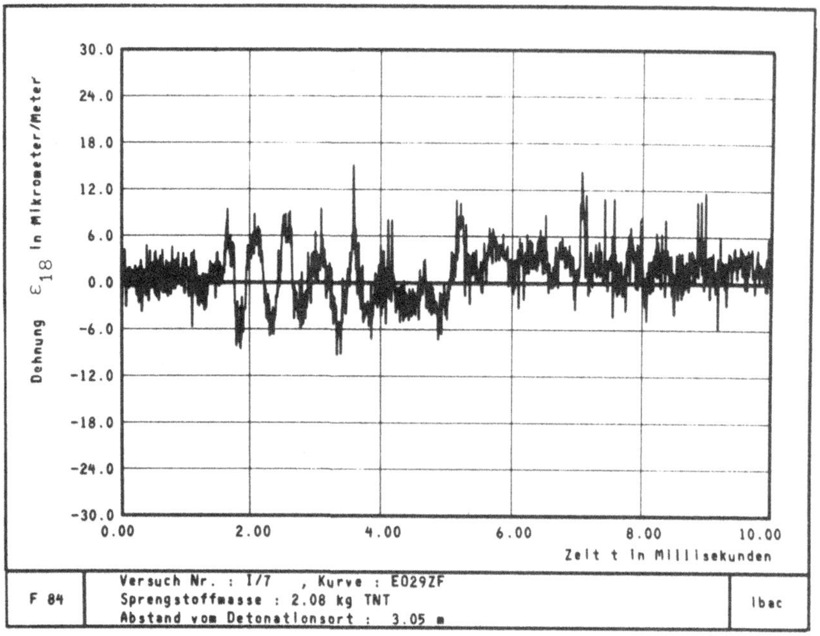
Dehnung ε_{18} in Mikrometer/Meter
30.0
24.0
18.0
12.0
6.0
0.0
-6.0
-12.0
-18.0
-24.0
-30.0
0.00
2.00
4.00
6.00
8.00
10.00
Zeit t in Millisekunden
F 84
Versuch Nr. : I/7 , Kurve : E029ZF
Sprengstoffmasse : 2.08 kg TNT
Abstand vom Detonationsort : 3.05 m
ibac

Abb. 67:

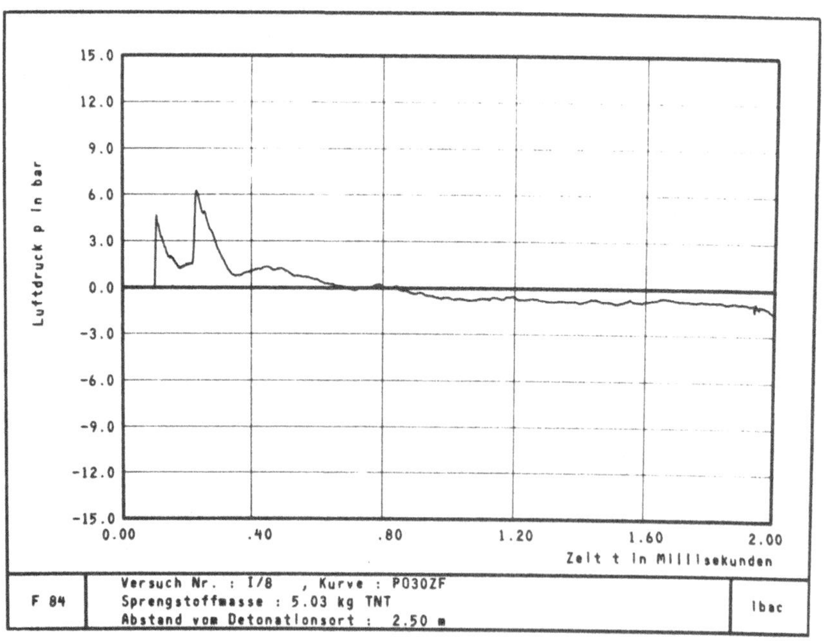
Luftdruck p in bar
15.0
12.0
9.0
6.0
3.0
0.0
-3.0
-6.0
-9.0
-12.0
-15.0
0.00
.40
.80
1.20
1.60
2.00
Zeit t in Millisekunden
F 84
Versuch Nr. : I/8 , Kurve : P030ZF
Sprengstoffmasse : 5.03 kg TNT
Abstand vom Detonationsort : 2.50 m
ibac

Abb. 68:

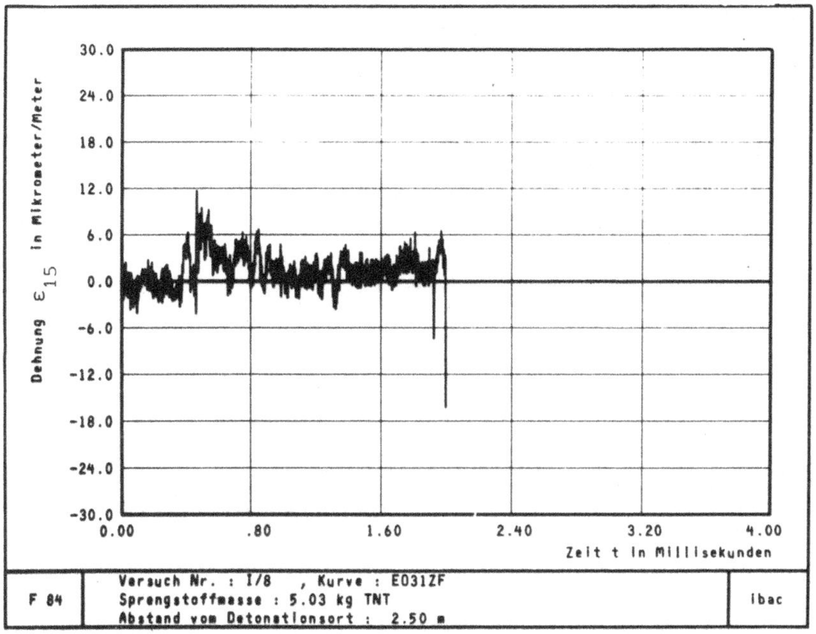
30.0
24.0
18.0
12.0
6.0
0.0
-6.0
-12.0
-18.0
-24.0
-30.0
Dehnung ε15 in Mikrometer/Meter
0.00
.80
1.60
2.40
3.20
4.00
Zeit t in Millisekunden
F 84
Versuch Nr. : I/8 , Kurve : E031ZF
Sprengstoffmasse : 5.03 kg TNT
Abstand vom Detonationsort : 2.50 m
ibac

Abb. 69:

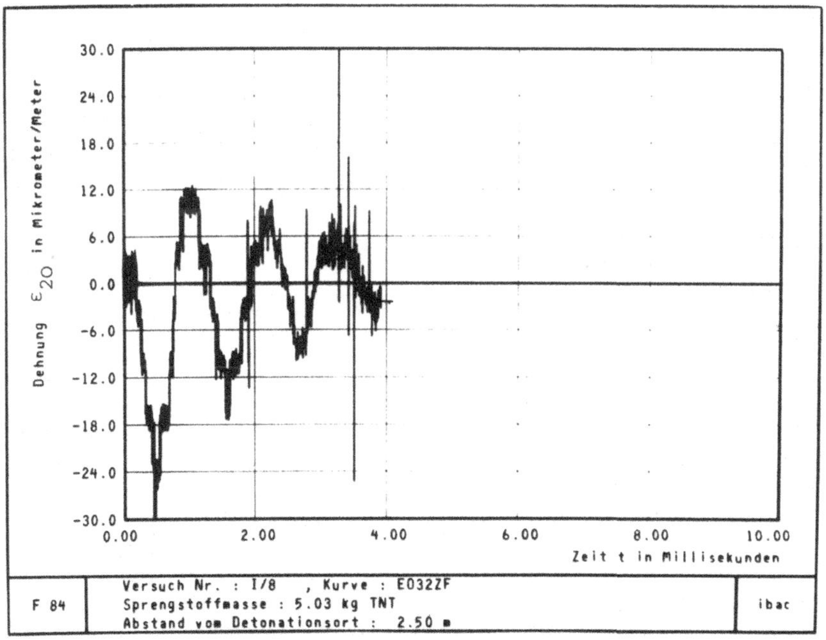
30.0
24.0
18.0
12.0
6.0
0.0
-6.0
-12.0
-18.0
-24.0
-30.0
Dehnung ε20 in Mikrometer/Meter
0.00
2.00
4.00
6.00
8.00
10.00
Zeit t in Millisekunden
F 84
Versuch Nr. : I/8 , Kurve : E032ZF
Sprengstoffmasse : 5.03 kg TNT
Abstand vom Detonationsort : 2.50 m
ibac

Abb. 70:

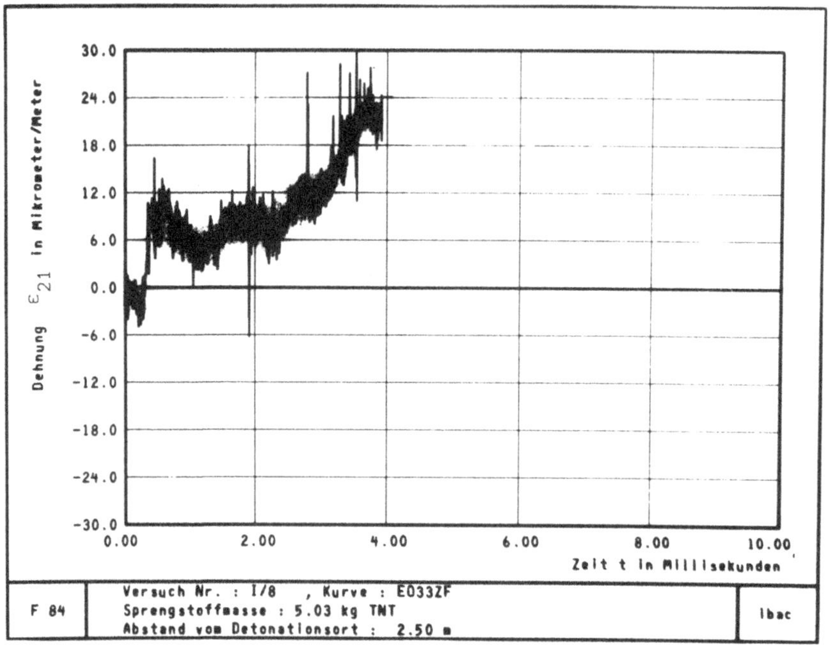
Dehnung ε21 in Mikrometer/Meter
30.0
24.0
18.0
12.0
6.0
0.0
-6.0
-12.0
-18.0
-24.0
-30.0
0.00
2.00
4.00
6.00
8.00
10.00
Zeit t in Millisekunden
F 84
Versuch Nr. : I/8 , Kurve : E033ZF
Sprengstoffmasse : 5.03 kg TNT
Abstand vom Detonationsort : 2.50 m
ibac

Abb. 71:

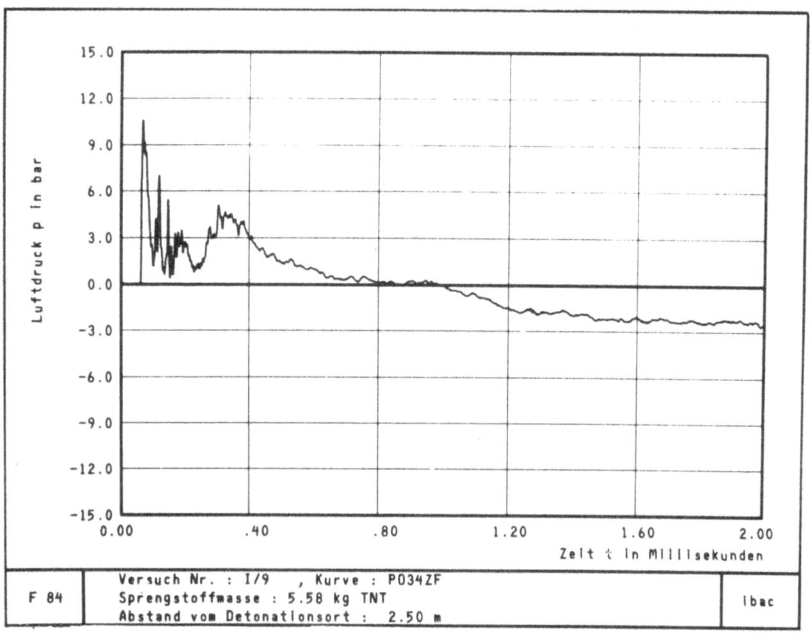
Luftdruck p in bar
15.0
12.0
9.0
6.0
3.0
0.0
-3.0
-6.0
-9.0
-12.0
-15.0
0.00
.40
.80
1.20
1.60
2.00
Zeit t in Millisekunden
F 84
Versuch Nr. : I/9 , Kurve : P034ZF
Sprengstoffmasse : 5.58 kg TNT
Abstand vom Detonationsort : 2.50 m
ibac

Abb. 72:

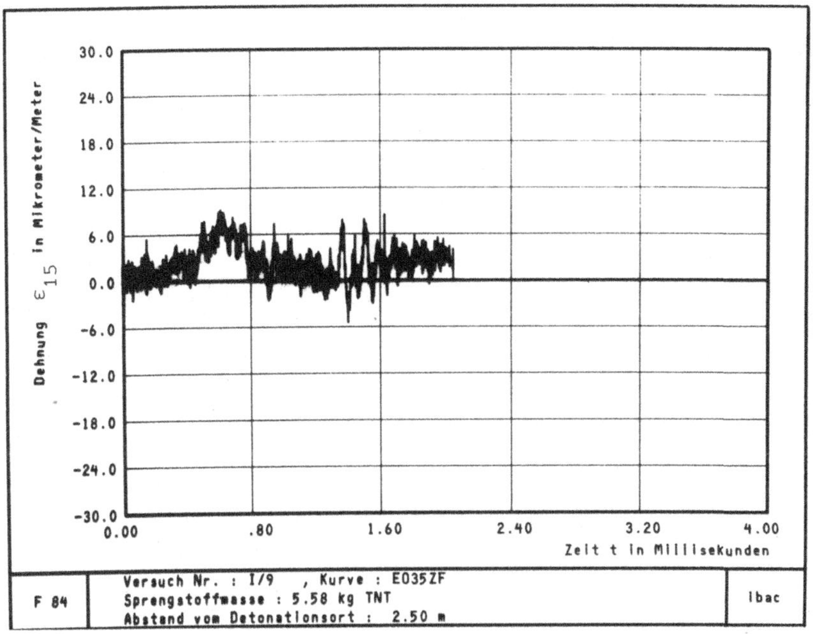
Dehnung ε_{15} in Mikrometer/Meter
30.0
24.0
18.0
12.0
6.0
0.0
-6.0
-12.0
-18.0
-24.0
-30.0
0.00
.80
1.60
2.40
3.20
4.00
Zeit t in Millisekunden
F 84
Versuch Nr. : I/9 , Kurve : E035ZF
Sprengstoffmasse : 5.58 kg TNT
Abstand vom Detonationsort : 2.50 m
ibac

Abb. 73:

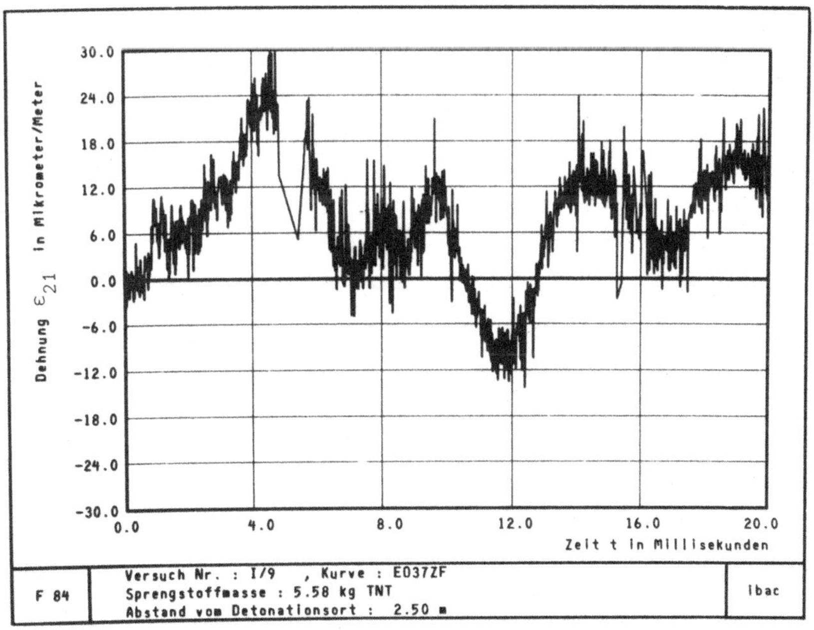
Dehnung ε_{21} in Mikrometer/Meter
30.0
24.0
18.0
12.0
6.0
0.0
-6.0
-12.0
-18.0
-24.0
-30.0
0.0
4.0
8.0
12.0
16.0
20.0
Zeit t in Millisekunden
F 84
Versuch Nr. : I/9 , Kurve : E037ZF
Sprengstoffmasse : 5.58 kg TNT
Abstand vom Detonationsort : 2.50 m
ibac

Abb. 74:

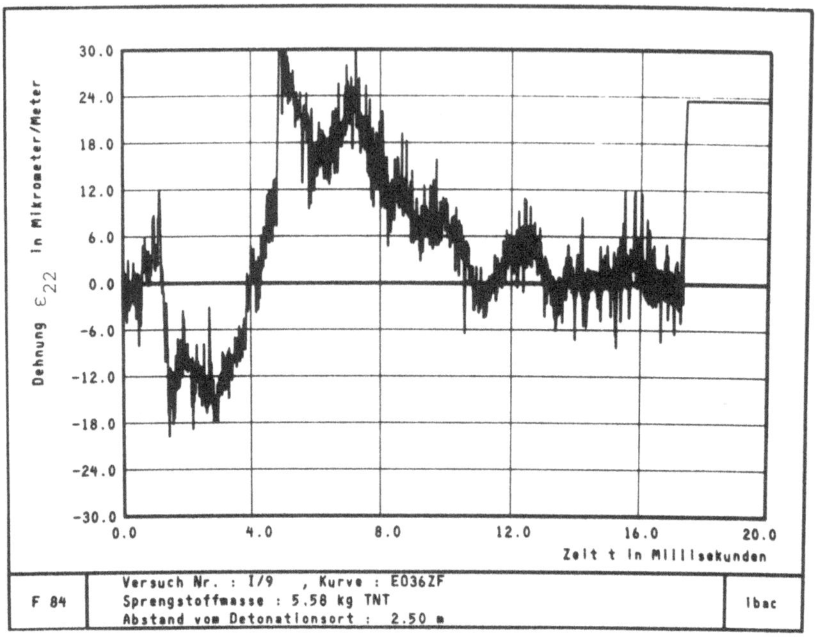
30.0
24.0
18.0
12.0
6.0
0.0
-6.0
-12.0
-18.0
-24.0
-30.0
Dehnung ε22 in Mikrometer/Meter
0.0
4.0
8.0
12.0
16.0
20.0
Zeit t in Millisekunden
F 84
Versuch Nr. : I/9 , Kurve : E036ZF
Sprengstoffmasse : 5.58 kg TNT
Abstand vom Detonationsort : 2.50 m
ibac

Abb. 75:

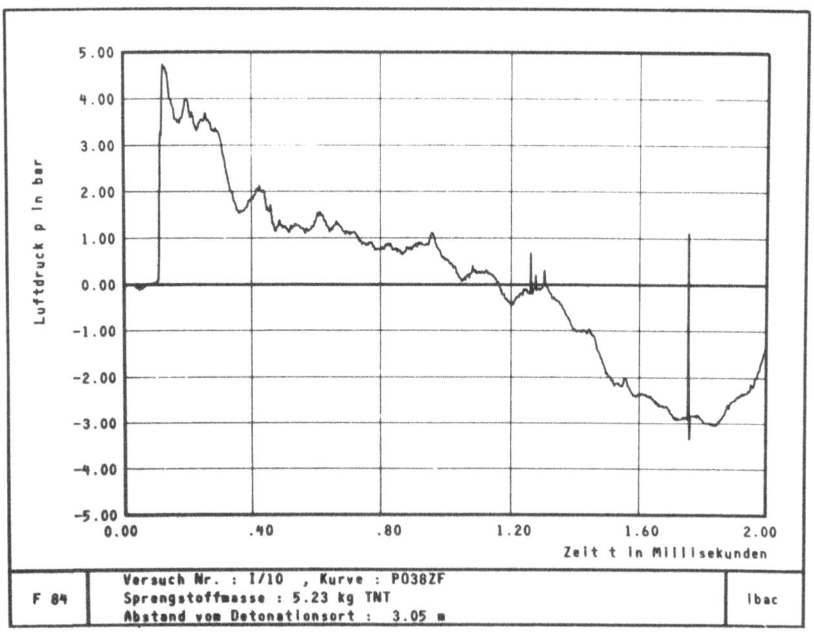
5.00
4.00
3.00
2.00
1.00
0.00
-1.00
-2.00
-3.00
-4.00
-5.00
Luftdruck p in bar
0.00
.40
.80
1.20
1.60
2.00
Zeit t in Millisekunden
F 84
Versuch Nr. : I/10 , Kurve : P038ZF
Sprengstoffmasse : 5.23 kg TNT
Abstand vom Detonationsort : 3.05 m
ibac

Abb. 76:

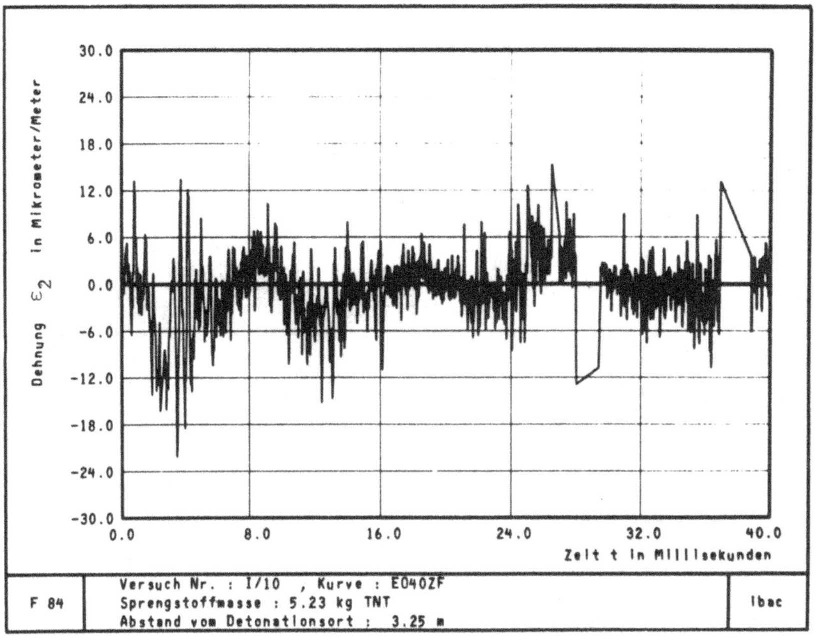
30.0
24.0
18.0
12.0
6.0
0.0
-6.0
-12.0
-18.0
-24.0
-30.0
Dehnung ε2 in Mikrometer/Meter
0.0
8.0
16.0
24.0
32.0
40.0
Zeit t in Millisekunden
F 84
Versuch Nr. : I/10 , Kurve : E040ZF
Sprengstoffmasse : 5.23 kg TNT
Abstand vom Detonationsort : 3.25 m
ibac

Abb. 77:

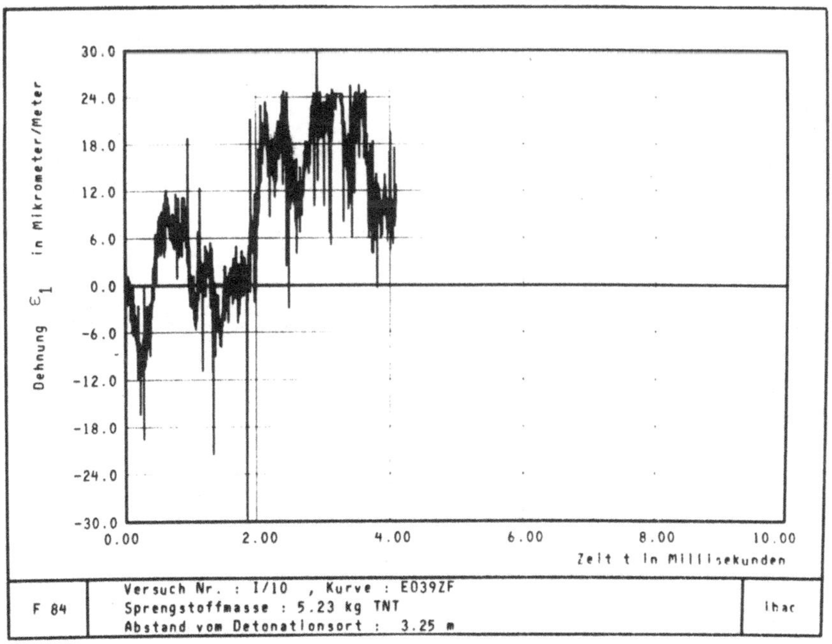
30.0
24.0
18.0
12.0
6.0
0.0
-6.0
-12.0
-18.0
-24.0
-30.0
Dehnung ε1 in Mikrometer/Meter
0.00
2.00
4.00
6.00
8.00
10.00
Zeit t in Millisekunden
F 84
Versuch Nr. : I/10 , Kurve : E039ZF
Sprengstoffmasse : 5.23 kg TNT
Abstand vom Detonationsort : 3.25 m
ibac

Abb. 78:

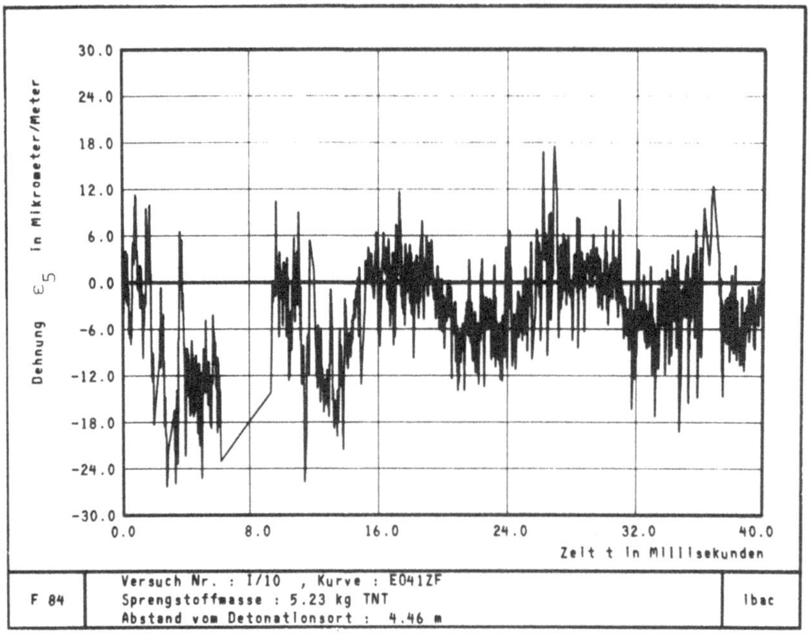
Dehnung ε5 in Mikrometer/Meter
30.0
24.0
18.0
12.0
6.0
0.0
-6.0
-12.0
-18.0
-24.0
-30.0
0.0
8.0
16.0
24.0
32.0
40.0
Zeit t in Millisekunden
F 84
Versuch Nr. : I/10 , Kurve : E041ZF
Sprengstoffmasse : 5.23 kg TNT
Abstand vom Detonationsort : 4.46 m
Ibac

Abb. 79:

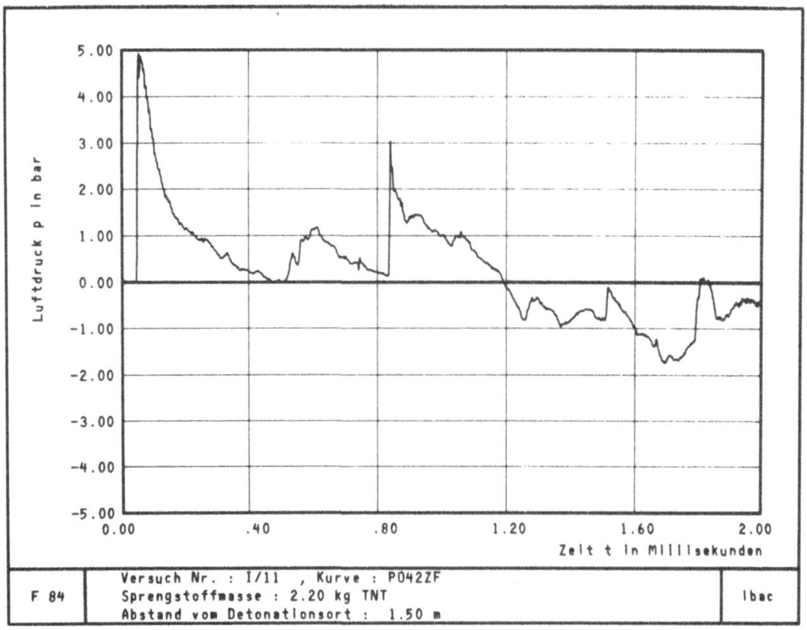
Luftdruck p in bar
5.00
4.00
3.00
2.00
1.00
0.00
-1.00
-2.00
-3.00
-4.00
-5.00
0.00
.40
.80
1.20
1.60
2.00
Zeit t in Millisekunden
F 84
Versuch Nr. : I/11 , Kurve : P042ZF
Sprengstoffmasse : 2.20 kg TNT
Abstand vom Detonationsort : 1.50 m
Ibac

Abb. 80:

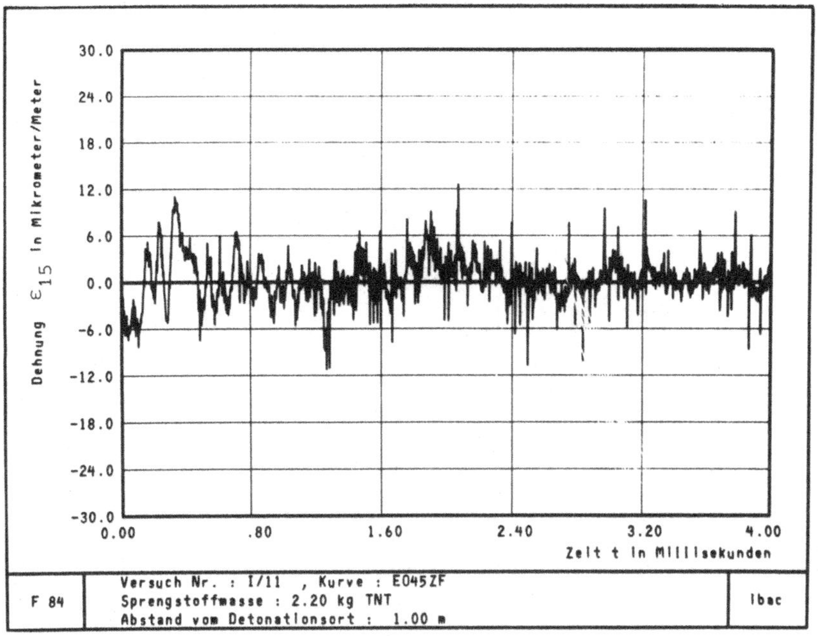
30.0
24.0
18.0
12.0
6.0
0.0
-6.0
-12.0
-18.0
-24.0
-30.0
Dehnung ε_{15} in Mikrometer/Meter
0.00
.80
1.60
2.40
3.20
4.00
Zeit t in Millisekunden
F 84
Versuch Nr. : I/11 , Kurve : E045ZF
Sprengstoffmasse : 2.20 kg TNT
Abstand vom Detonationsort : 1.00 m
Ibac

Abb. 81:

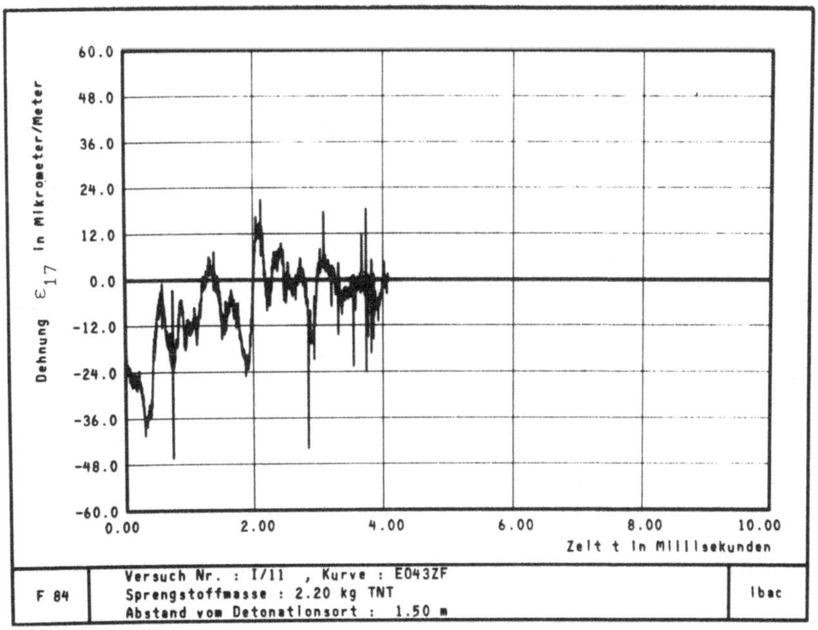
60.0
48.0
36.0
24.0
12.0
0.0
-12.0
-24.0
-36.0
-48.0
-60.0
Dehnung ε_{17} in Mikrometer/Meter
0.00
2.00
4.00
6.00
8.00
10.00
Zeit t in Millisekunden
F 84
Versuch Nr. : I/11 , Kurve : E043ZF
Sprengstoffmasse : 2.20 kg TNT
Abstand vom Detonationsort : 1.50 m
Ibac

Abb. 82:

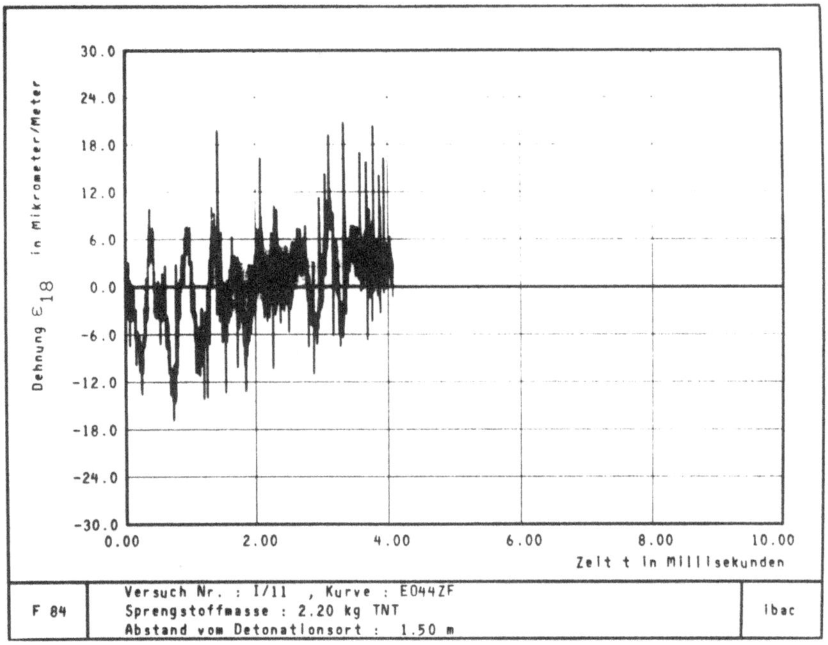
30.0
24.0
18.0
12.0
6.0
0.0
-6.0
-12.0
-18.0
-24.0
-30.0
Dehnung ε_{18} in Mikrometer/Meter
0.00
2.00
4.00
6.00
8.00
10.00
Zeit t in Millisekunden
F 84
Versuch Nr. : I/11 , Kurve : E044ZF
Sprengstoffmasse : 2.20 kg TNT
Abstand vom Detonationsort : 1.50 m
ibac

Abb. 83:

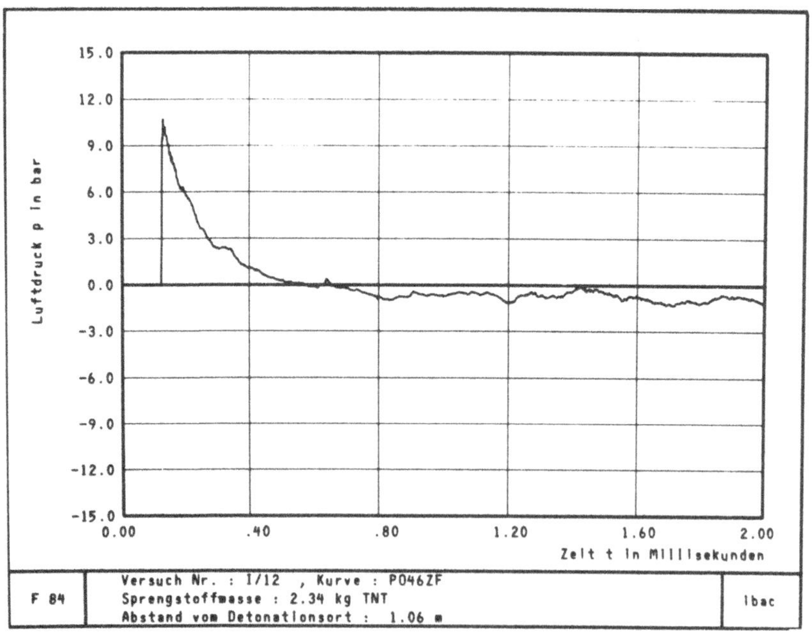
15.0
12.0
9.0
6.0
3.0
0.0
-3.0
-6.0
-9.0
-12.0
-15.0
Luftdruck p in bar
0.00
.40
.80
1.20
1.60
2.00
Zeit t in Millisekunden
F 84
Versuch Nr. : I/12 , Kurve : P046ZF
Sprengstoffmasse : 2.34 kg TNT
Abstand vom Detonationsort : 1.06 m
ibac

Abb. 84:

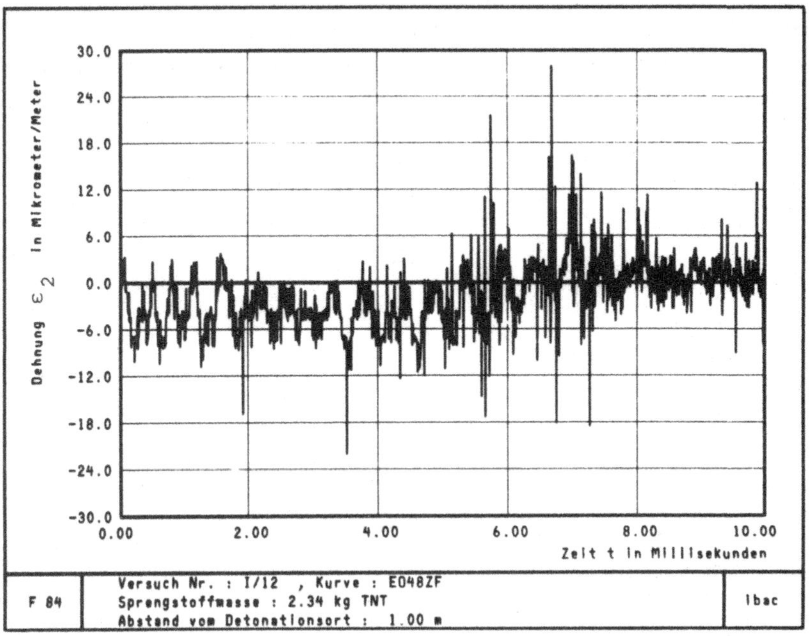
Dehnung ε_2 in Mikrometer/Meter
30.0
24.0
18.0
12.0
6.0
0.0
-6.0
-12.0
-18.0
-24.0
-30.0
0.00
2.00
4.00
6.00
8.00
10.00
Zeit t in Millisekunden
F 84
Versuch Nr. : I/12 , Kurve : E048ZF
Sprengstoffmasse : 2.34 kg TNT
Abstand vom Detonationsort : 1.00 m
ibac

Abb. 85:

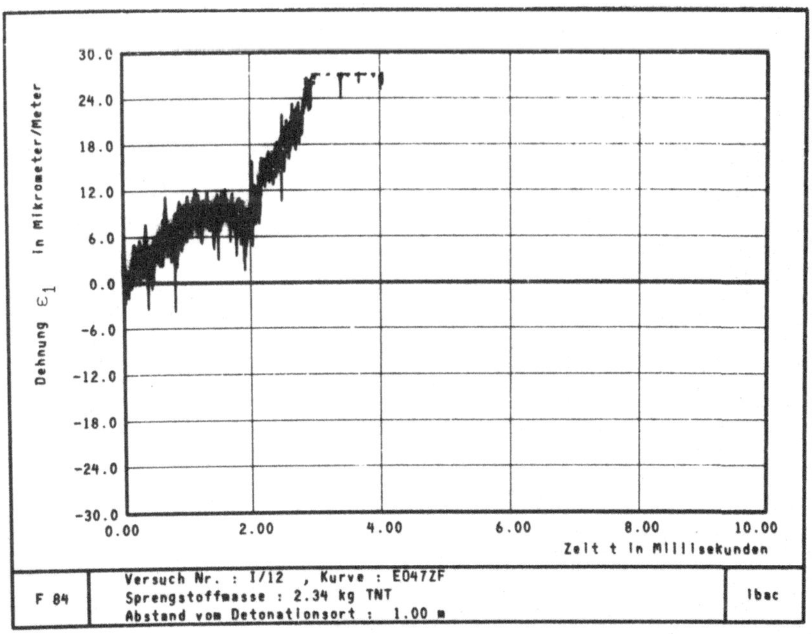
Dehnung ε_1 in Mikrometer/Meter
30.0
24.0
18.0
12.0
6.0
0.0
-6.0
-12.0
-18.0
-24.0
-30.0
0.00
2.00
4.00
6.00
8.00
10.00
Zeit t in Millisekunden
F 84
Versuch Nr. : I/12 , Kurve : E047ZF
Sprengstoffmasse : 2.34 kg TNT
Abstand vom Detonationsort : 1.00 m
ibac

Abb. 86:

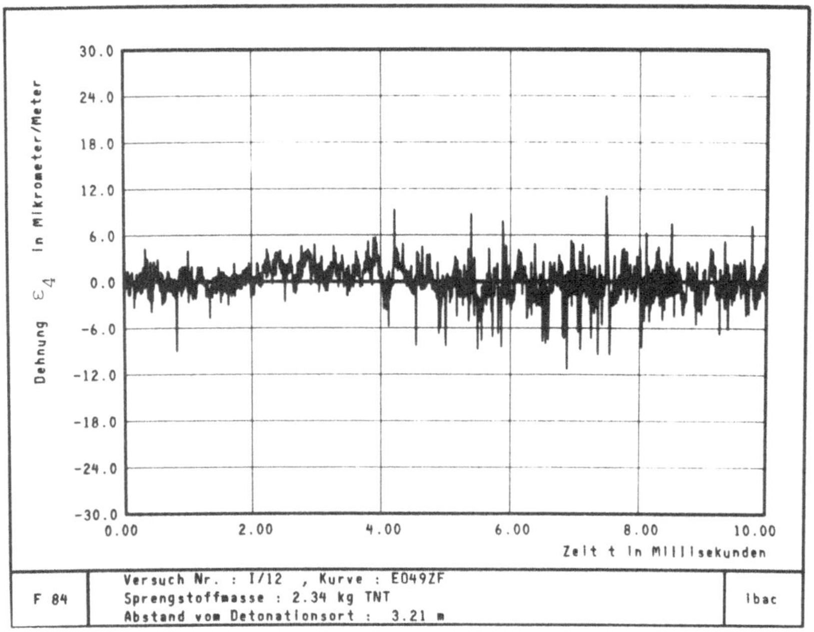
30.0
24.0
18.0
12.0
6.0
0.0
-6.0
-12.0
-18.0
-24.0
-30.0
Dehnung ε4 in Mikrometer/Meter
0.00
2.00
4.00
6.00
8.00
10.00
Zeit t in Millisekunden
F 84
Versuch Nr. : I/12 , Kurve : E049ZF
Sprengstoffmasse : 2.34 kg TNT
Abstand vom Detonationsort : 3.21 m
ibac

Abb. 87:

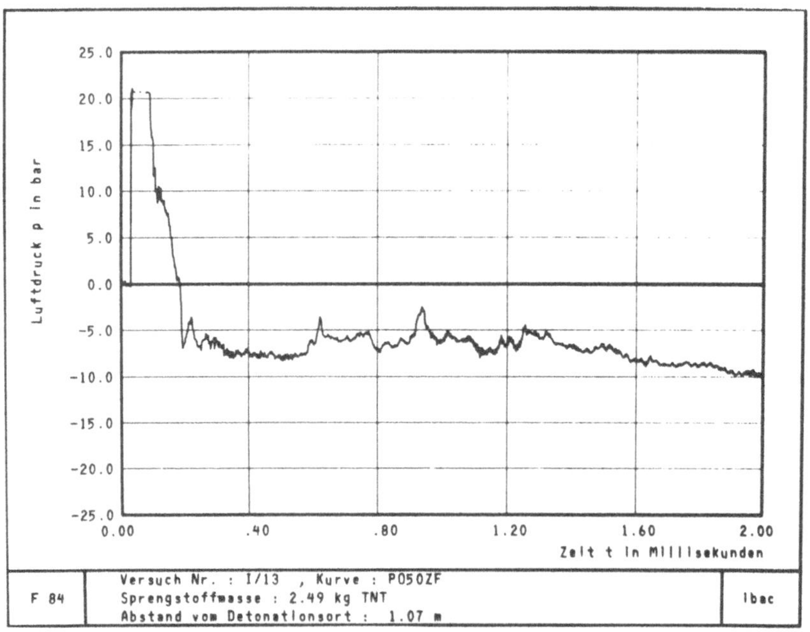
25.0
20.0
15.0
10.0
5.0
0.0
-5.0
-10.0
-15.0
-20.0
-25.0
Luftdruck p in bar
0.00
.40
.80
1.20
1.60
2.00
Zeit t in Millisekunden
F 84
Versuch Nr. : I/13 , Kurve : P050ZF
Sprengstoffmasse : 2.49 kg TNT
Abstand vom Detonationsort : 1.07 m
ibac

Abb. 88:

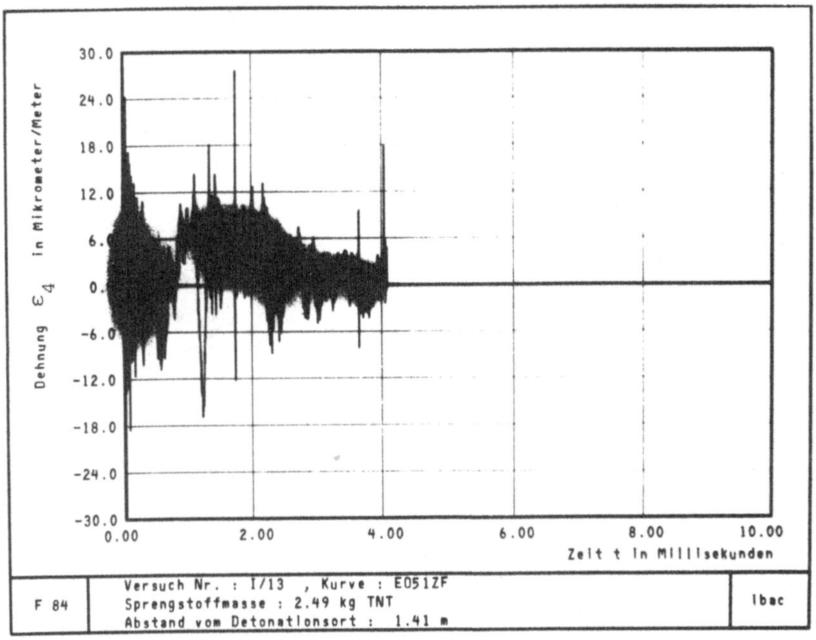
30.0
24.0
18.0
12.0
6.0
0.0
-6.0
-12.0
-18.0
-24.0
-30.0
Dehnung ε4 in Mikrometer/Meter
0.00
2.00
4.00
6.00
8.00
10.00
Zeit t in Millisekunden
F 84
Versuch Nr. : I/13 , Kurve : E051ZF
Sprengstoffmasse : 2.49 kg TNT
Abstand vom Detonationsort : 1.41 m
Ibac

Abb. 89:

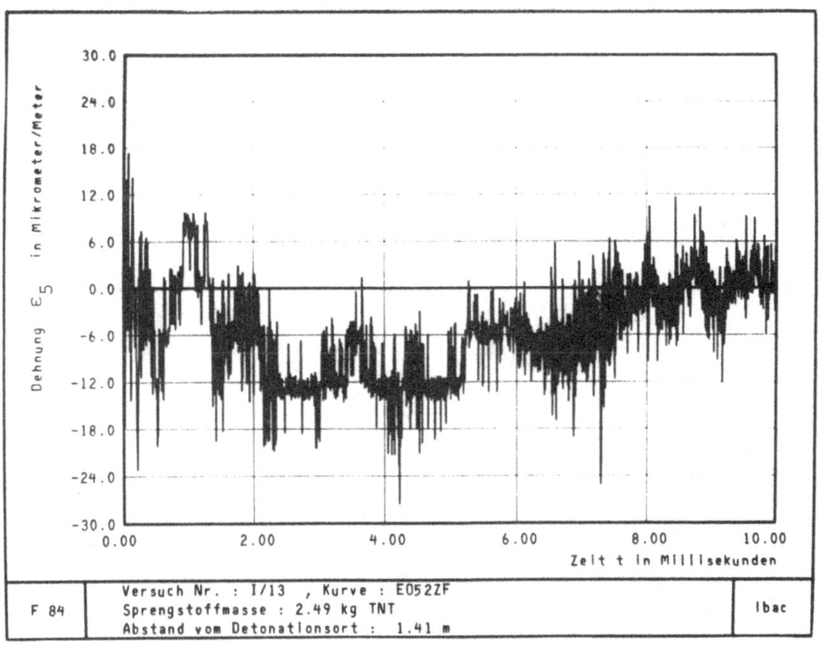
30.0
24.0
18.0
12.0
6.0
0.0
-6.0
-12.0
-18.0
-24.0
-30.0
Dehnung ε5 in Mikrometer/Meter
0.00
2.00
4.00
6.00
8.00
10.00
Zeit t in Millisekunden
F 84
Versuch Nr. : I/13 , Kurve : E052ZF
Sprengstoffmasse : 2.49 kg TNT
Abstand vom Detonationsort : 1.41 m
Ibac

Abb. 90:

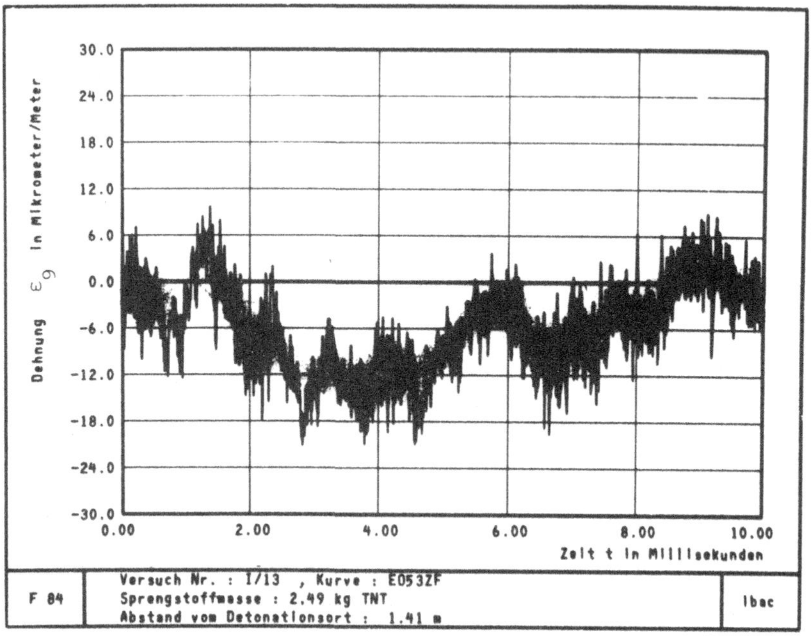
30.0
24.0
18.0
12.0
6.0
0.0
-6.0
-12.0
-18.0
-24.0
-30.0
Dehnung ε9 in Mikrometer/Meter
0.00
2.00
4.00
6.00
8.00
10.00
Zeit t in Millisekunden
F 84
Versuch Nr. : I/13 , Kurve : E053ZF
Sprengstoffmasse : 2.49 kg TNT
Abstand vom Detonationsort : 1.41 m
Ibac

Abb. 91:

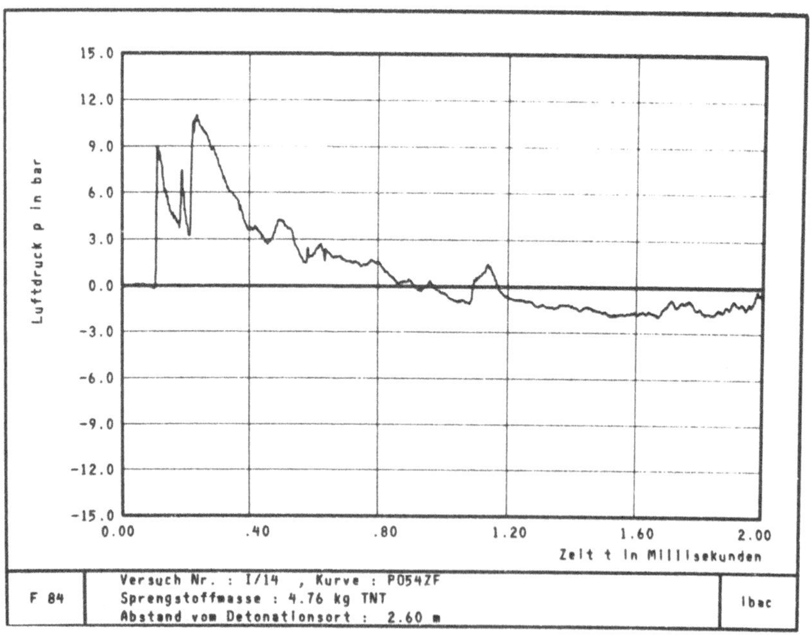
15.0
12.0
9.0
6.0
3.0
0.0
-3.0
-6.0
-9.0
-12.0
-15.0
Luftdruck p in bar
0.00
.40
.80
1.20
1.60
2.00
Zeit t in Millisekunden
F 84
Versuch Nr. : I/14 , Kurve : P054ZF
Sprengstoffmasse : 4.76 kg TNT
Abstand vom Detonationsort : 2.60 m
Ibac

Abb. 92:

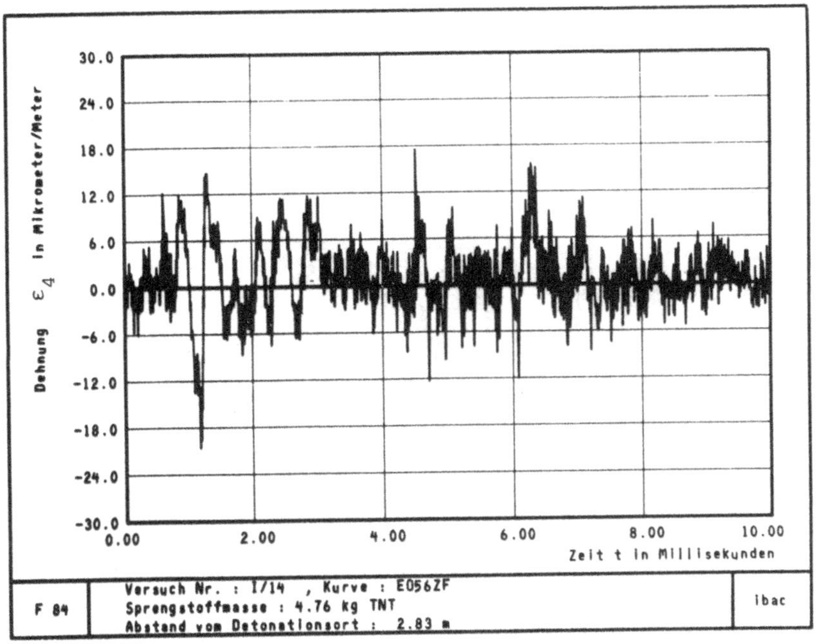
Dehnung ε4 in Mikrometer/Meter
30.0
24.0
18.0
12.0
6.0
0.0
-6.0
-12.0
-18.0
-24.0
-30.0
0.00
2.00
4.00
6.00
8.00
10.00
Zeit t in Millisekunden
F 84
Versuch Nr. : I/14 , Kurve : E056ZF
Sprengstoffmasse : 4.76 kg TNT
Abstand vom Detonationsort : 2.83 m
ibac

Abb. 93:

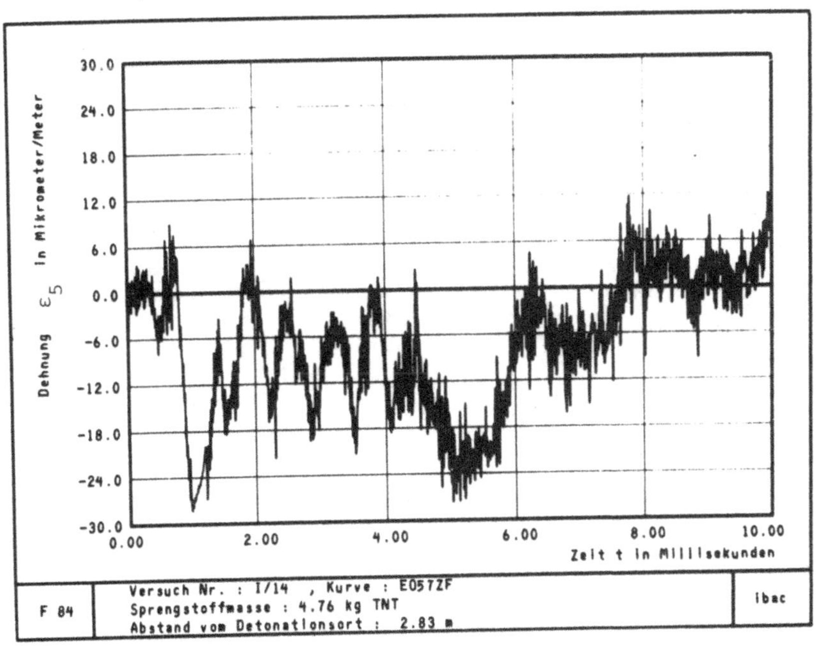
Dehnung ε5 in Mikrometer/Meter
30.0
24.0
18.0
12.0
6.0
0.0
-6.0
-12.0
-18.0
-24.0
-30.0
0.00
2.00
4.00
6.00
8.00
10.00
Zeit t in Millisekunden
F 84
Versuch Nr. : I/14 , Kurve : E057ZF
Sprengstoffmasse : 4.76 kg TNT
Abstand vom Detonationsort : 2.83 m
ibac

Abb. 94:

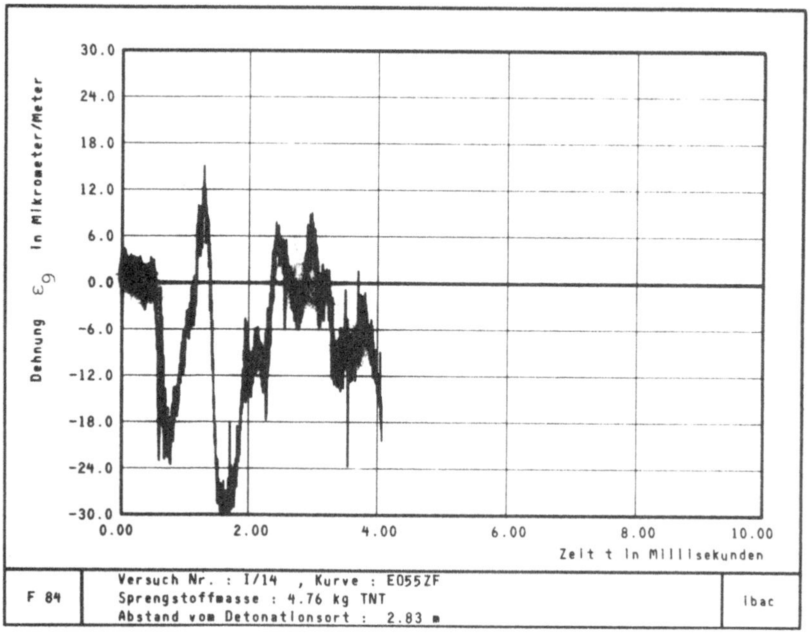
Dehnung ε_9 in Mikrometer/Meter
30.0
24.0
18.0
12.0
6.0
0.0
-6.0
-12.0
-18.0
-24.0
-30.0
0.00
2.00
4.00
6.00
8.00
10.00
Zeit t in Millisekunden
F 84
Versuch Nr. : I/14 , Kurve : E055ZF
Sprengstoffmasse : 4.76 kg TNT
Abstand vom Detonationsort : 2.83 m
ibac

Abb. 95:

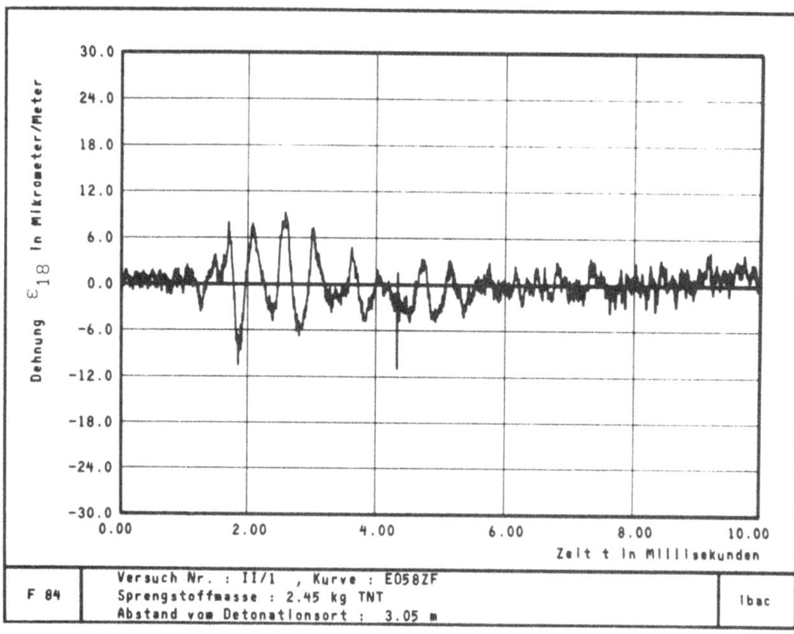
Dehnung ε_{18} in Mikrometer/Meter
30.0
24.0
18.0
12.0
6.0
0.0
-6.0
-12.0
-18.0
-24.0
-30.0
0.00
2.00
4.00
6.00
8.00
10.00
Zeit t in Millisekunden
F 84
Versuch Nr. : II/1 , Kurve : E058ZF
Sprengstoffmasse : 2.45 kg TNT
Abstand vom Detonationsort : 3.05 m
ibac

Abb. 96:

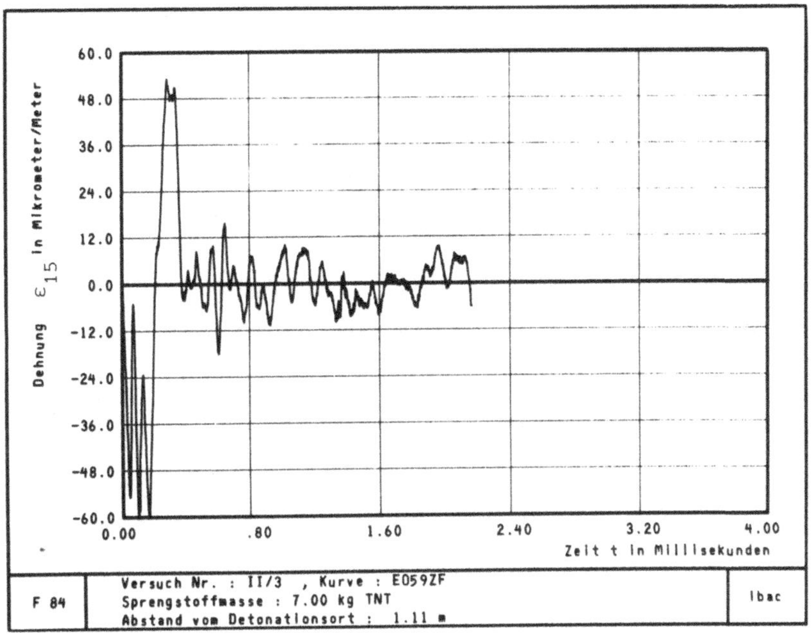

60.0
48.0
36.0
24.0
12.0
0.0
-12.0
-24.0
-36.0
-48.0
-60.0
Dehnung ε15 in Mikrometer/Meter
0.00
.80
1.60
2.40
3.20
4.00
Zeit t in Millisekunden
F 84
Versuch Nr. : II/3 , Kurve : E059ZF
Sprengstoffmasse : 7.00 kg TNT
Abstand vom Detonationsort : 1.11 m
ibac

Abb. 97:

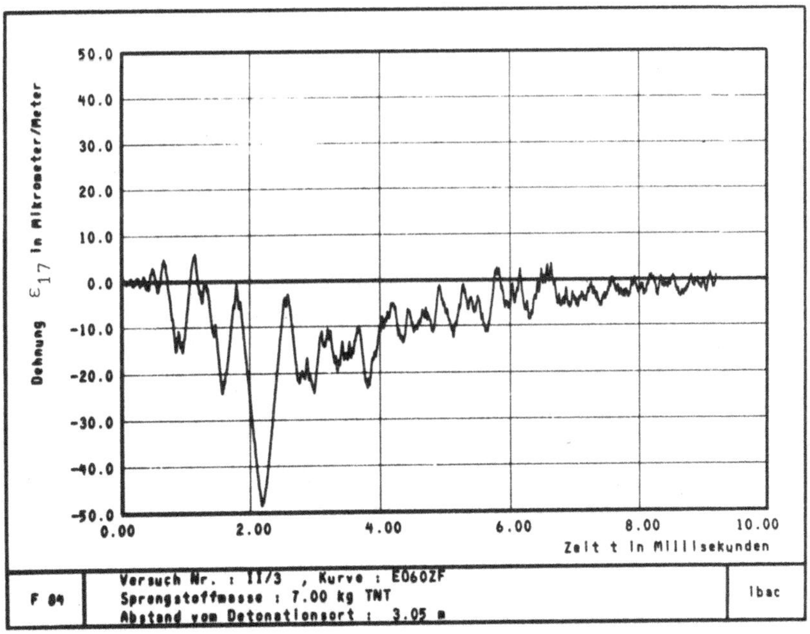

50.0
40.0
30.0
20.0
10.0
0.0
-10.0
-20.0
-30.0
-40.0
-50.0
Dehnung ε17 in Mikrometer/Meter
0.00
2.00
4.00
6.00
8.00
10.00
Zeit t in Millisekunden
F 84
Versuch Nr. : II/3 , Kurve : E060ZF
Sprengstoffmasse : 7.00 kg TNT
Abstand vom Detonationsort : 3.05 m
ibac

Abb. 98:

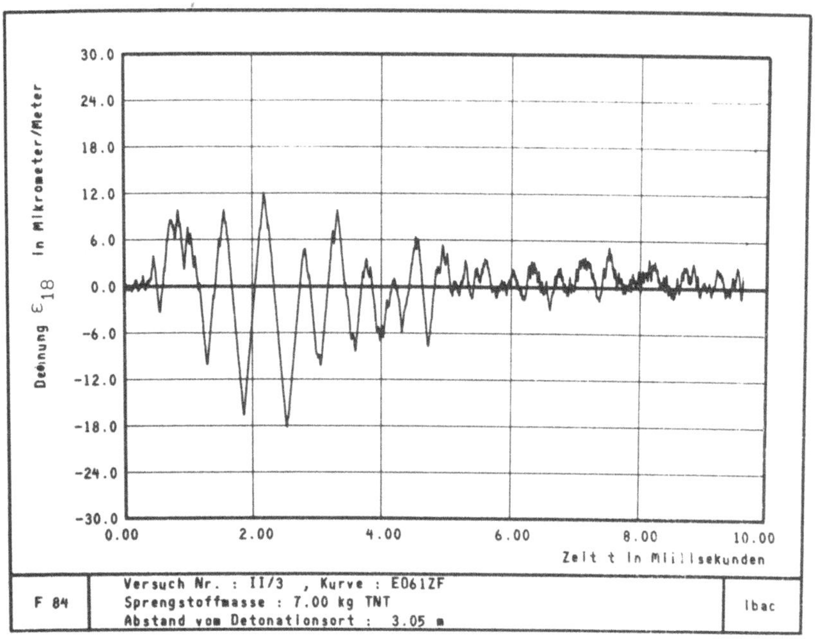

Abb. 99:

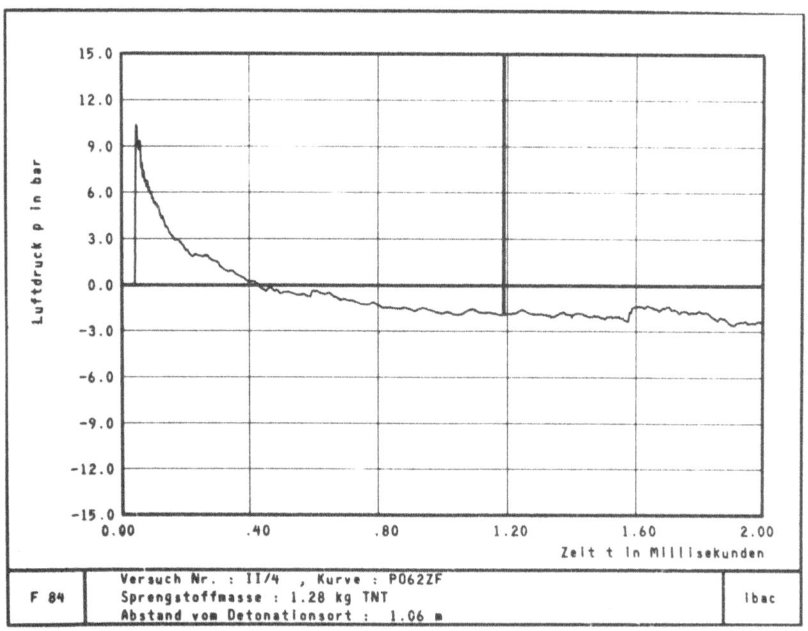

Abb. 100:

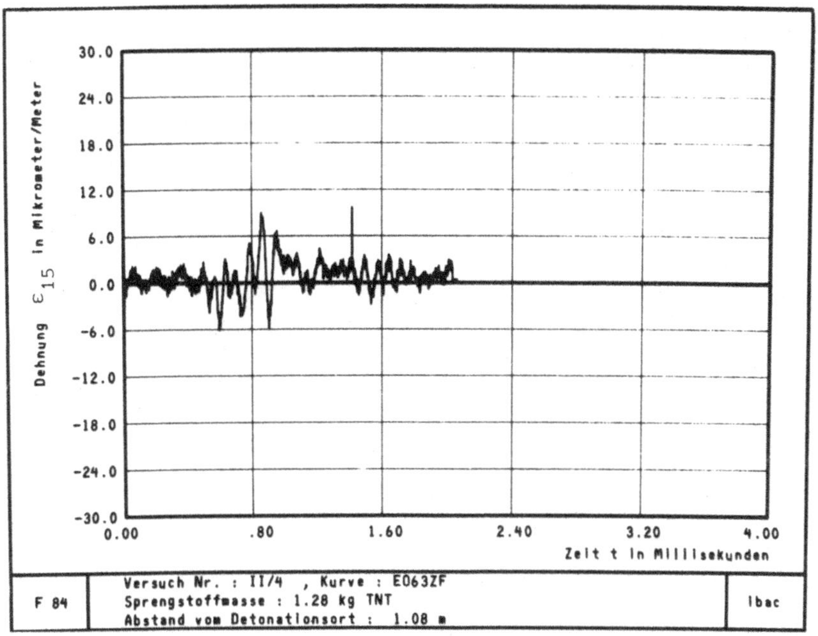

Abb. 101:

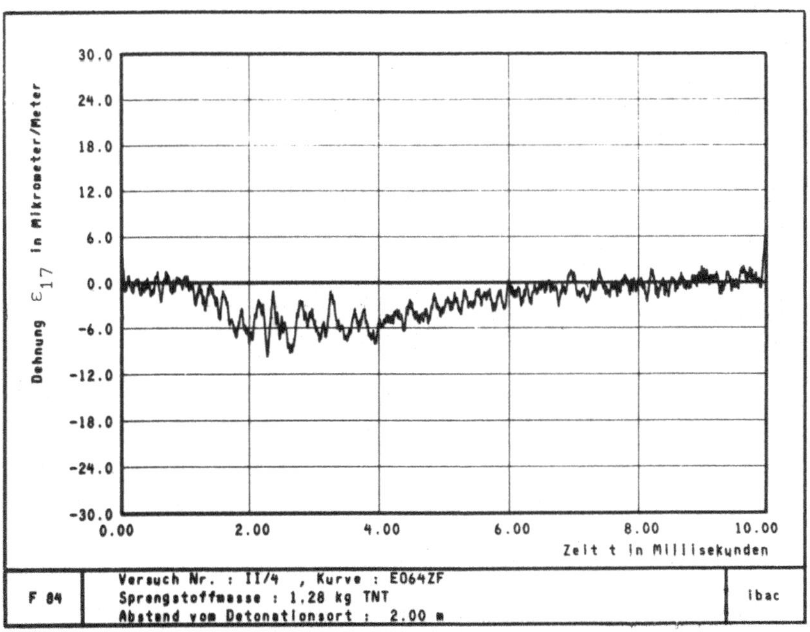

Abb. 102:

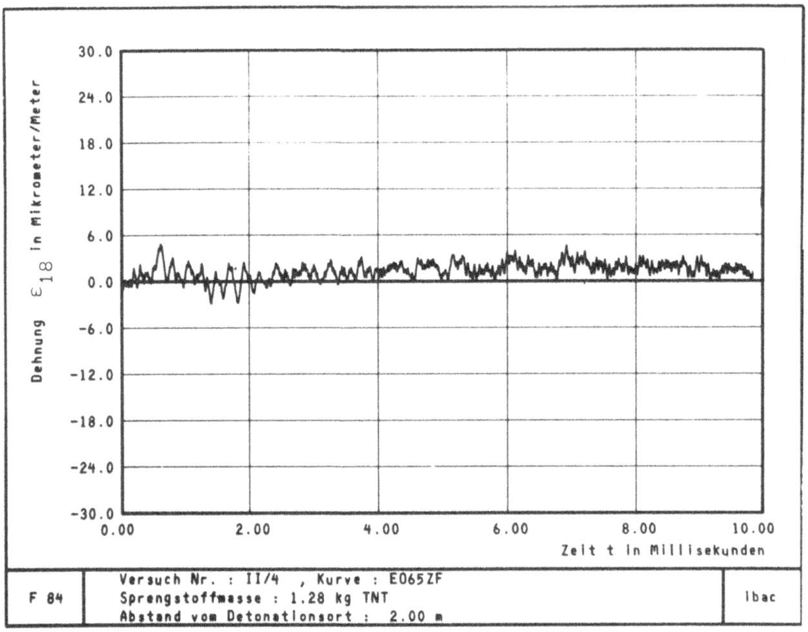

Abb. 103:

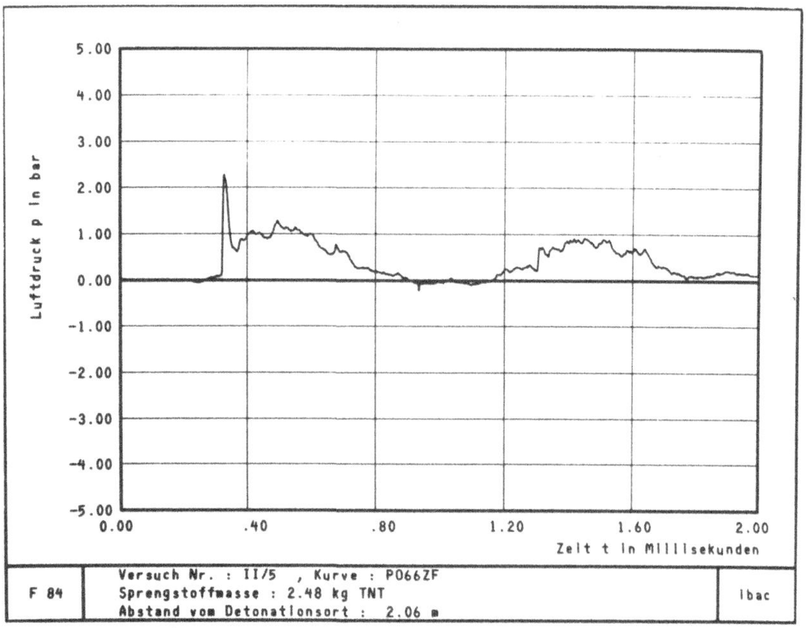

Abb. 104:

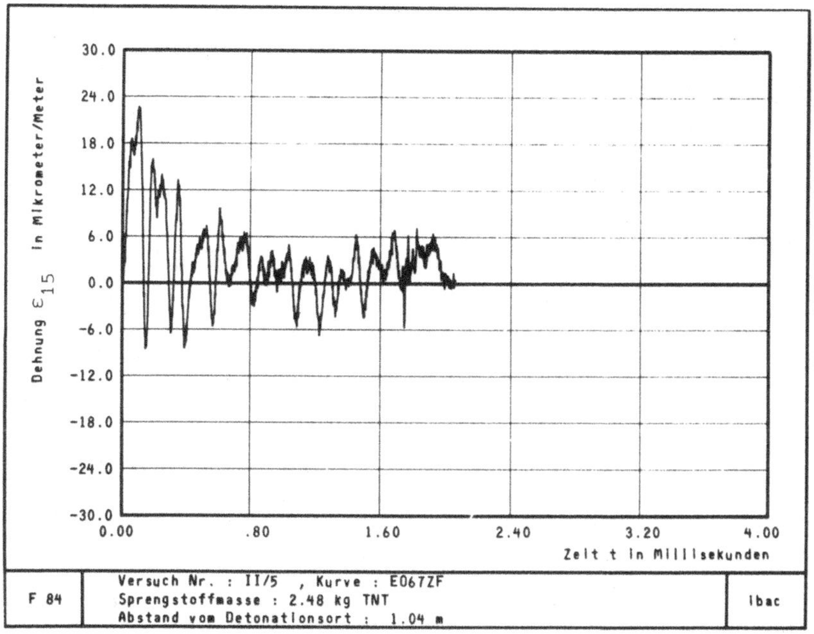

Abb. 105:

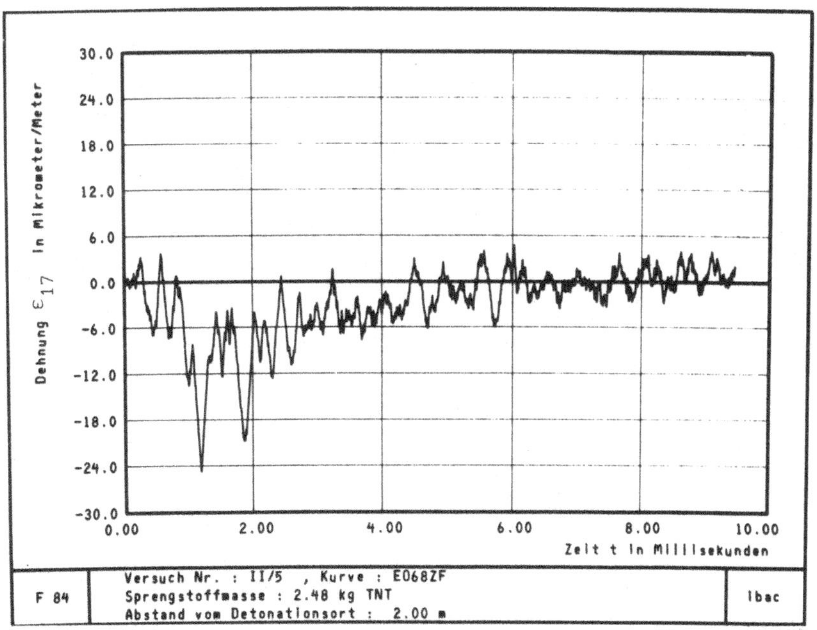

Abb. 106:

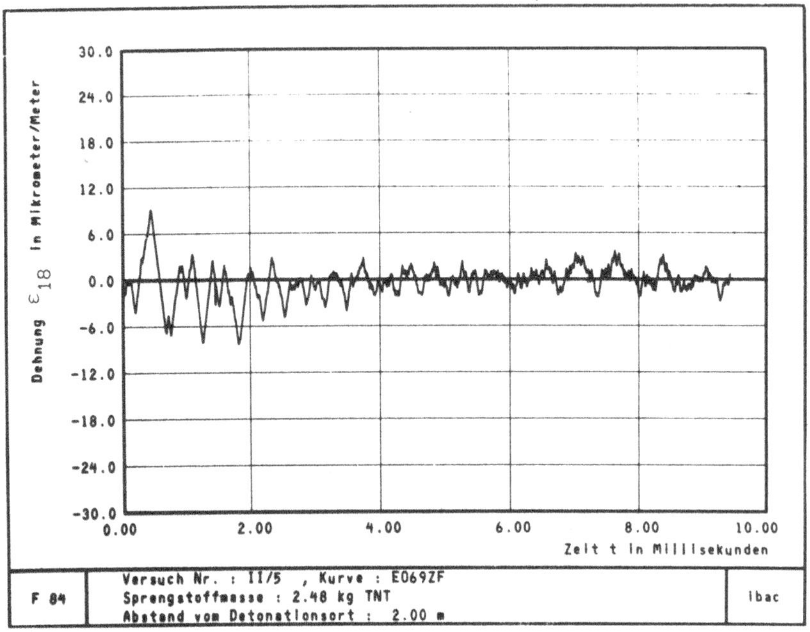

Abb. 107:

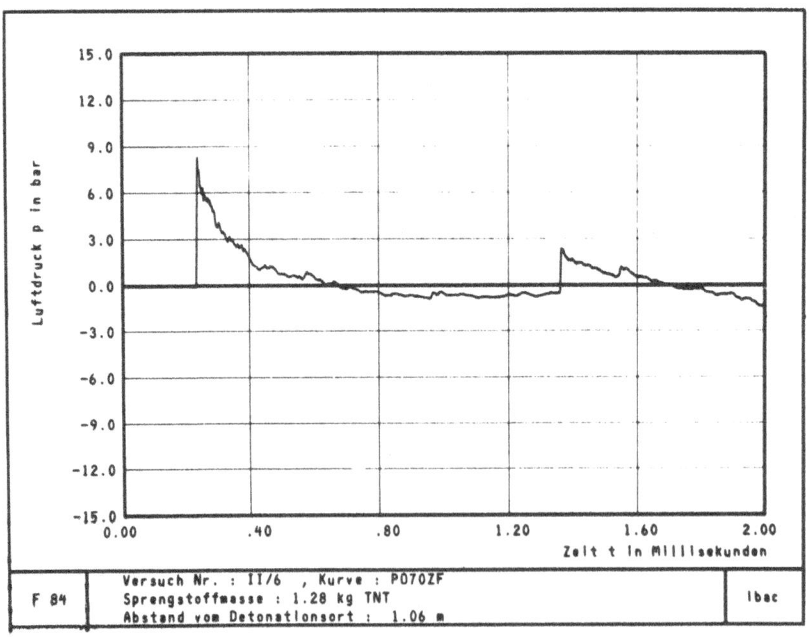

Abb. 108:

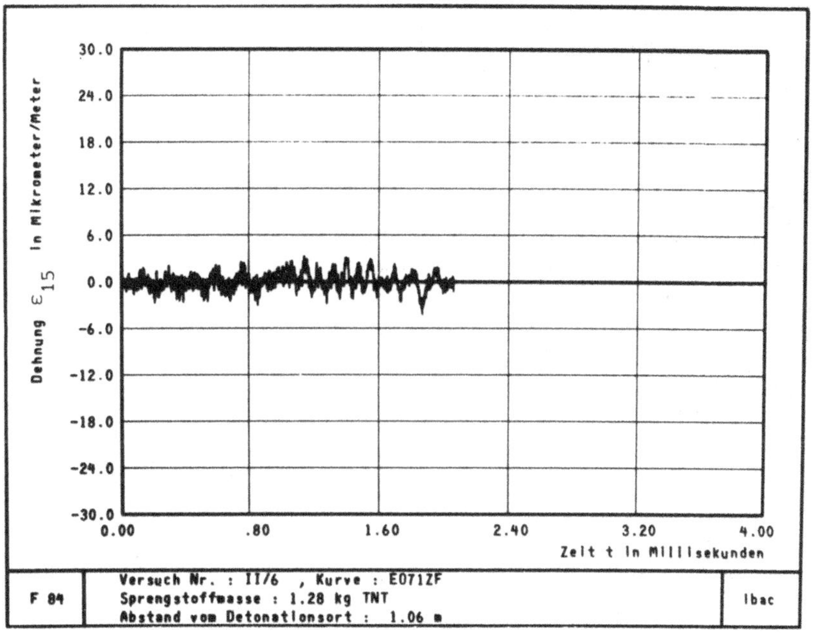

Abb. 109:

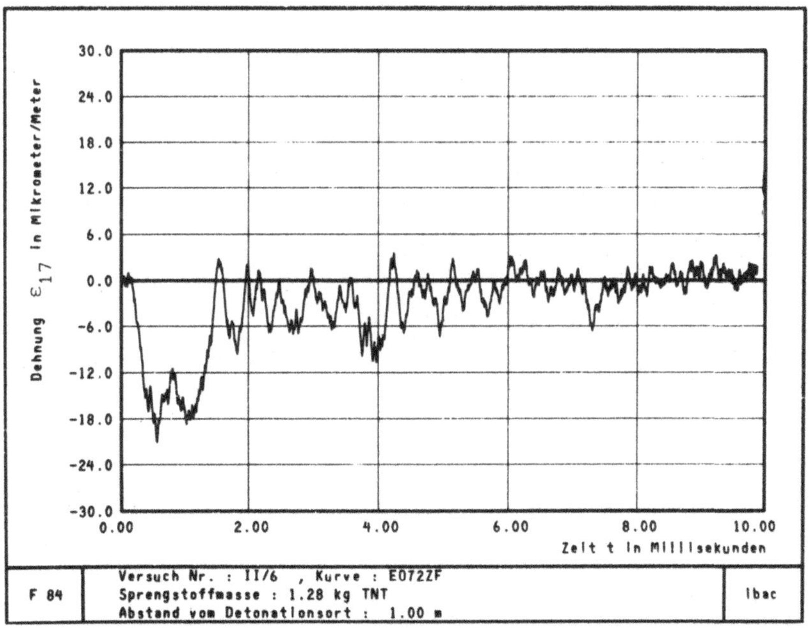

Abb. 110:

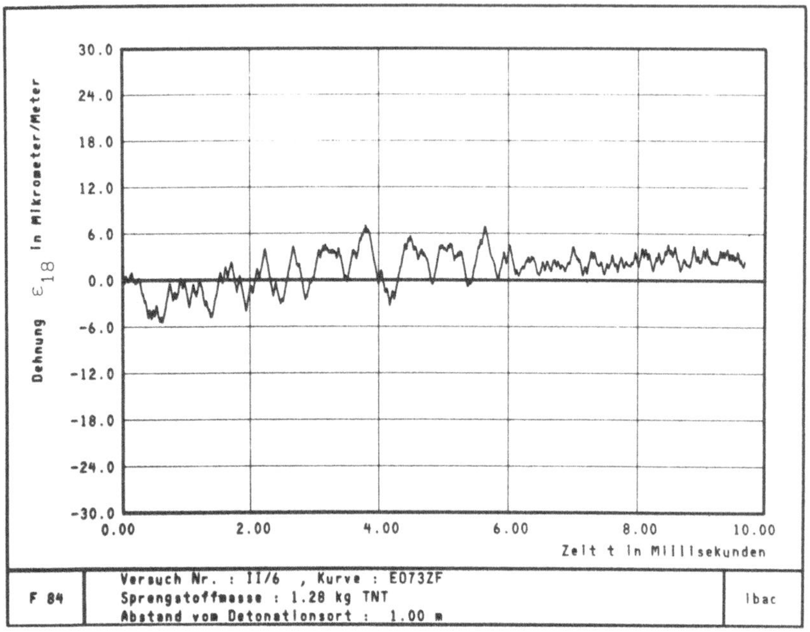

Abb. 111:

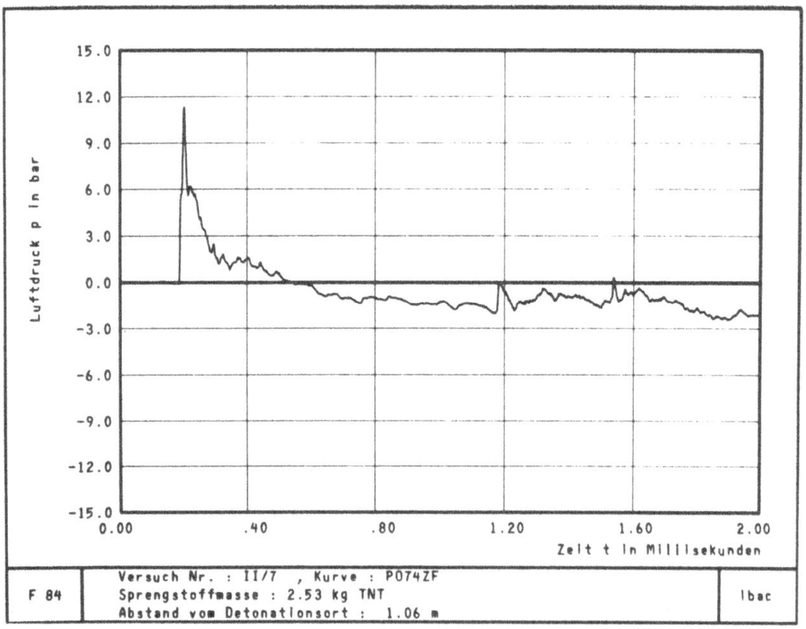

Abb. 112:

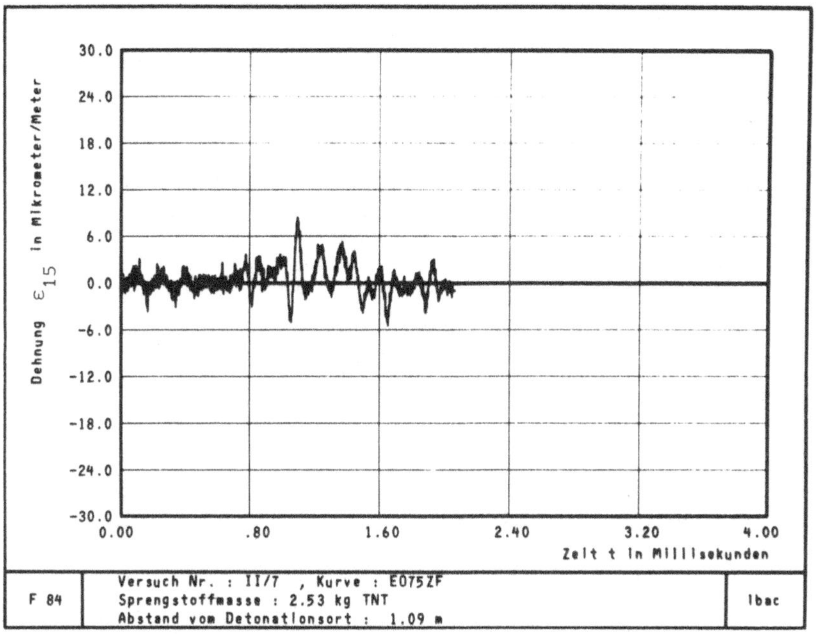

Abb. 113:

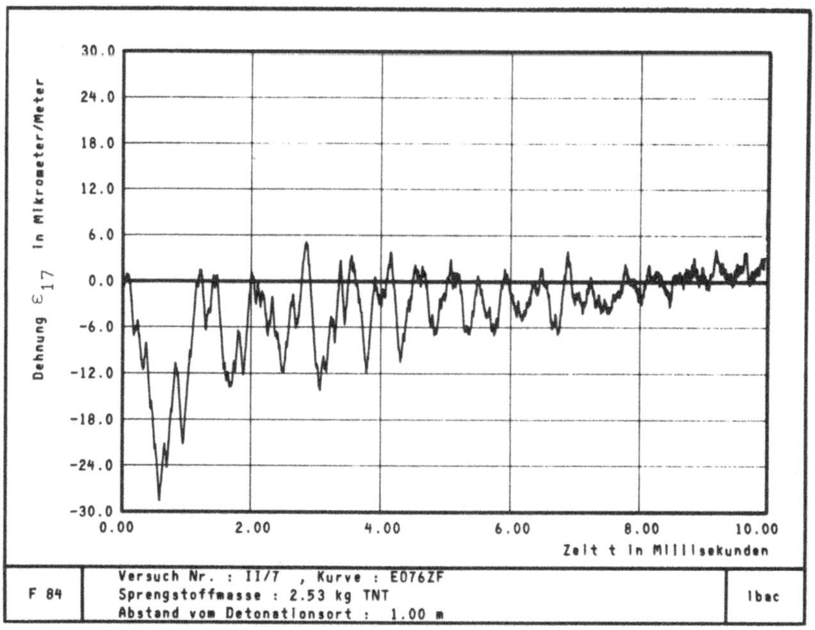

Abb. 114:

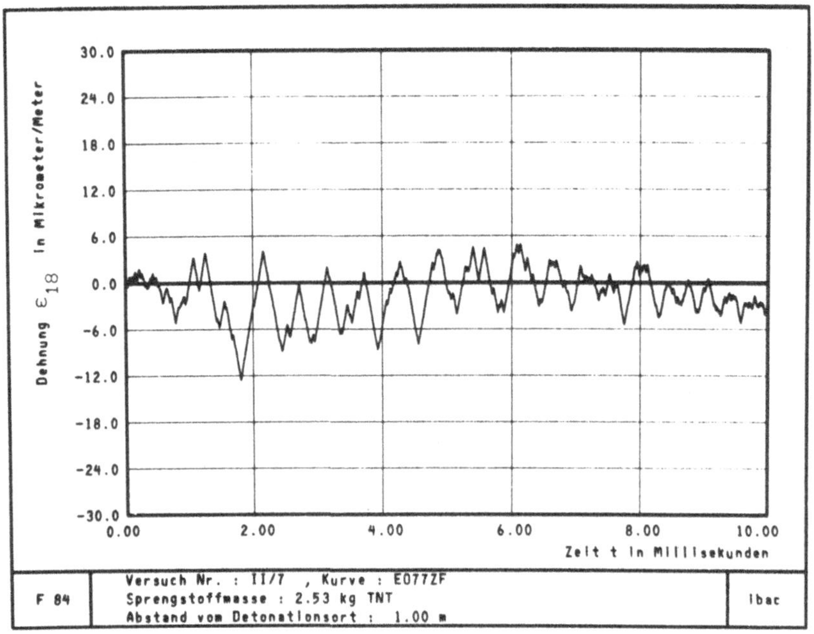

Abb. 115:

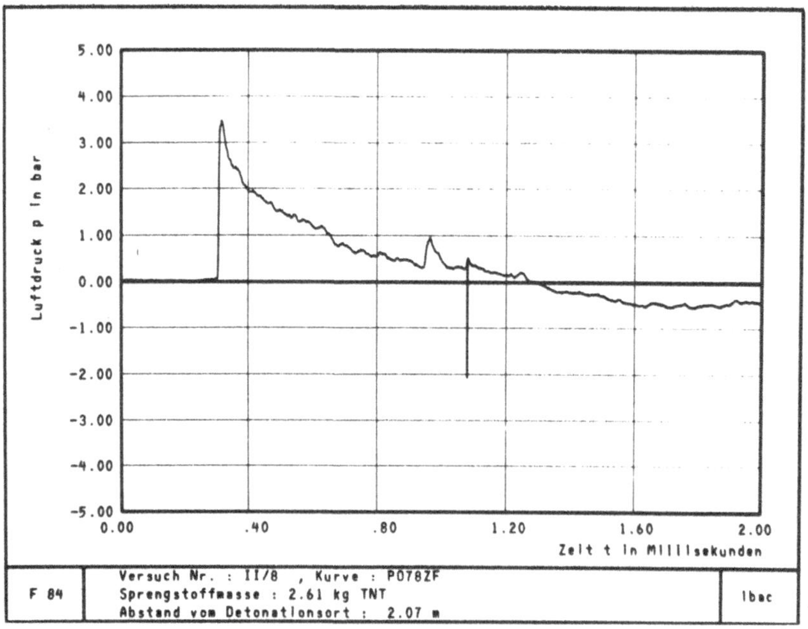

Abb. 116:

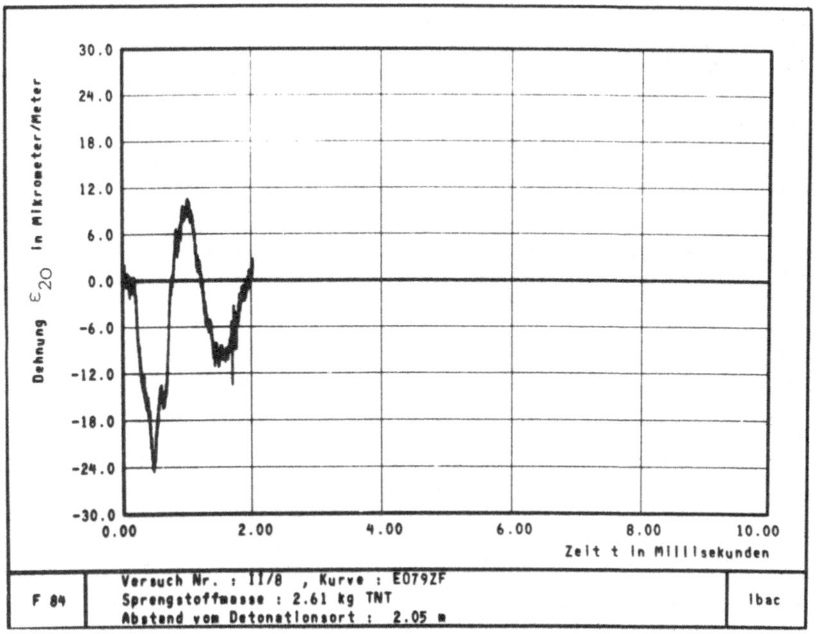

Abb. 117:

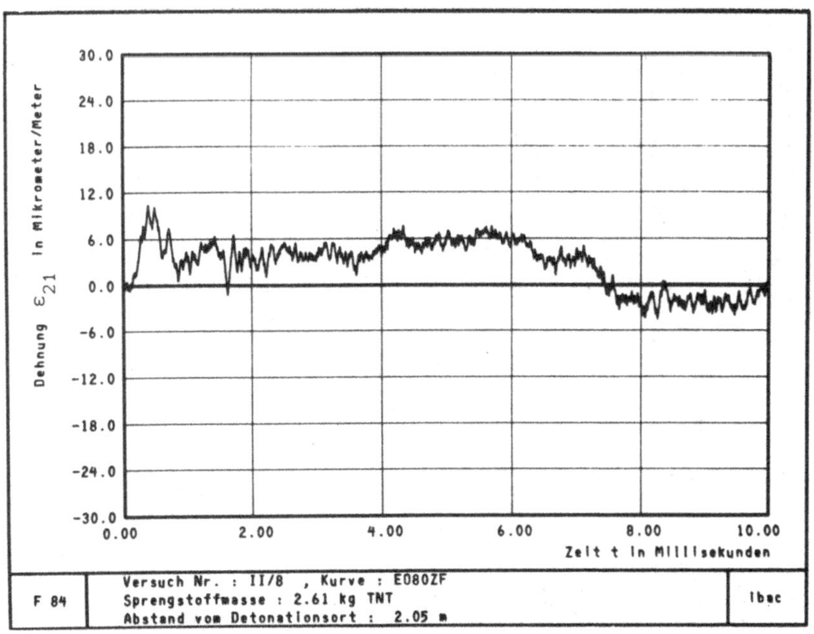

Abb. 118:

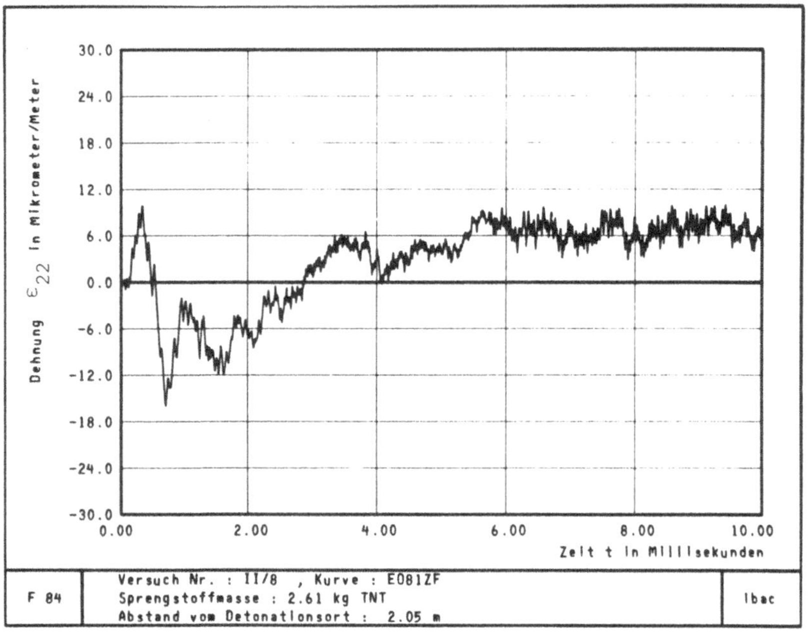

Abb. 119:

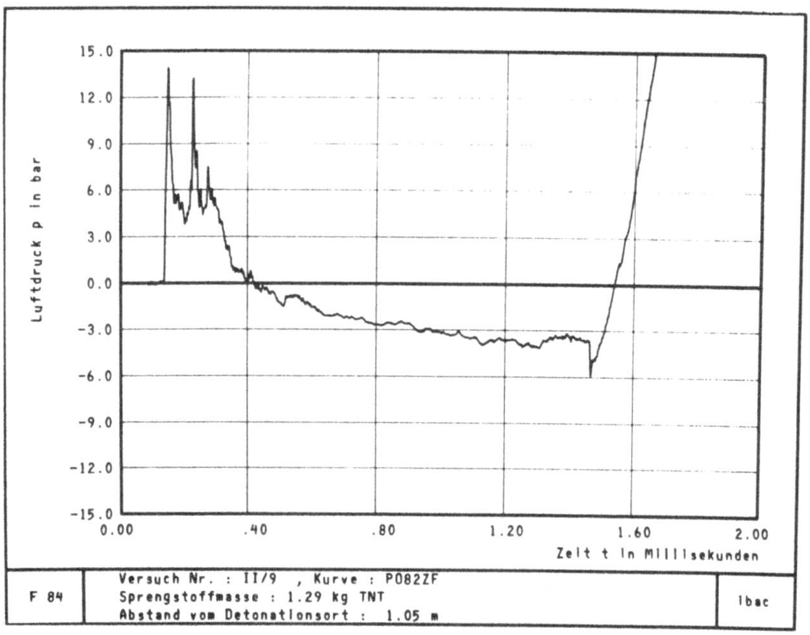

Abb. 120:

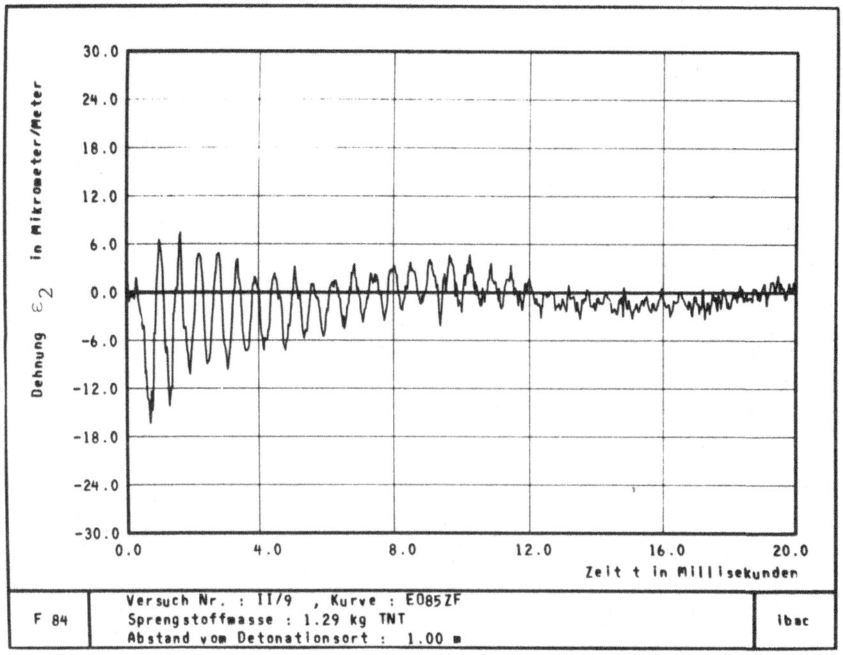

Abb. 121:

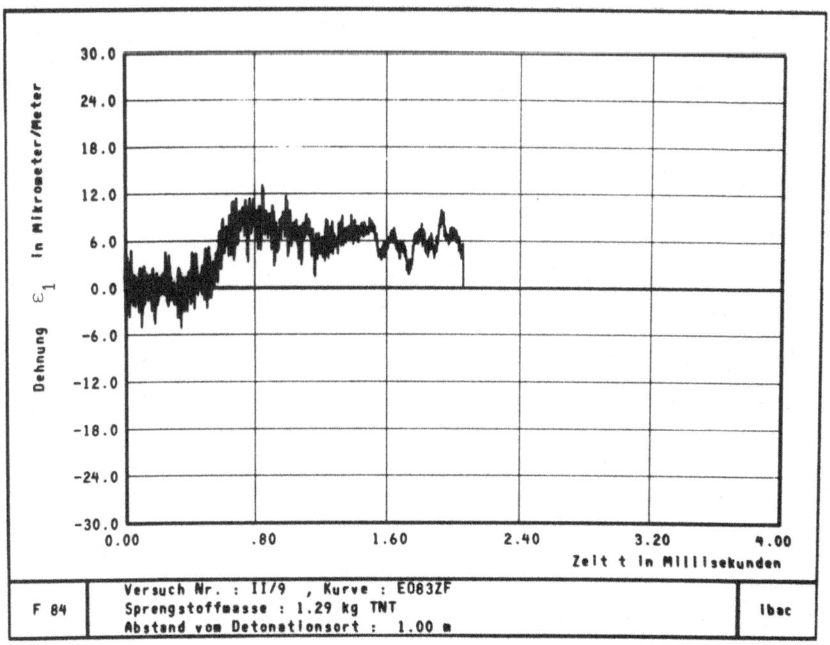

Abb. 122:

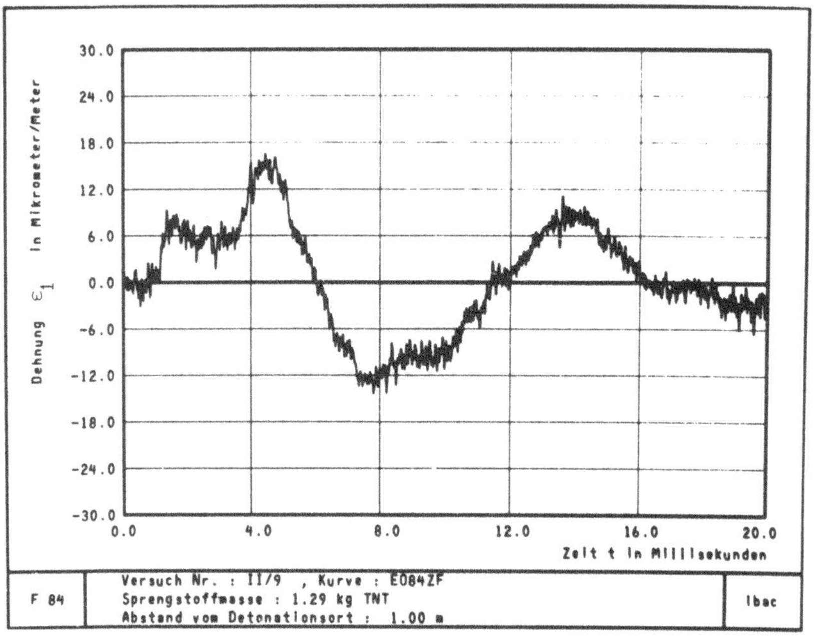

Abb. 123:

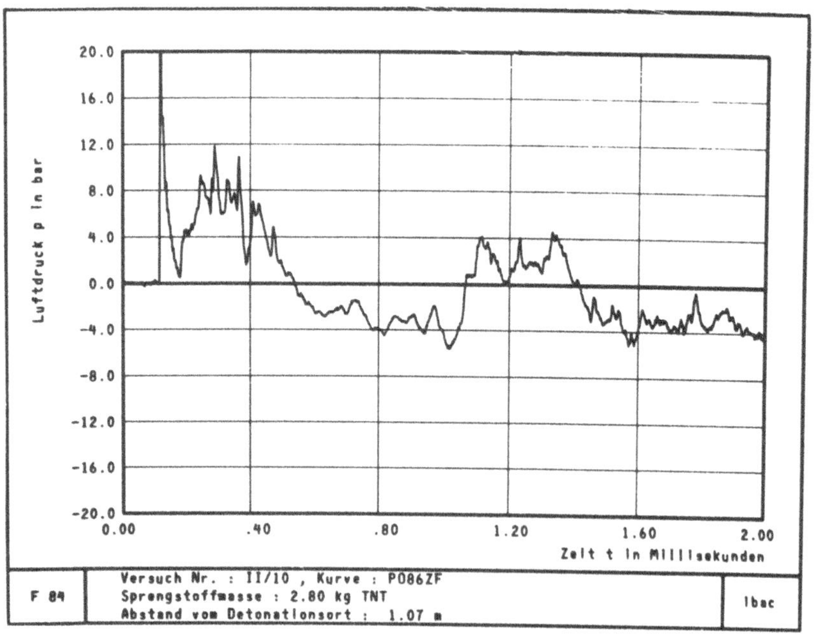

Abb. 124:

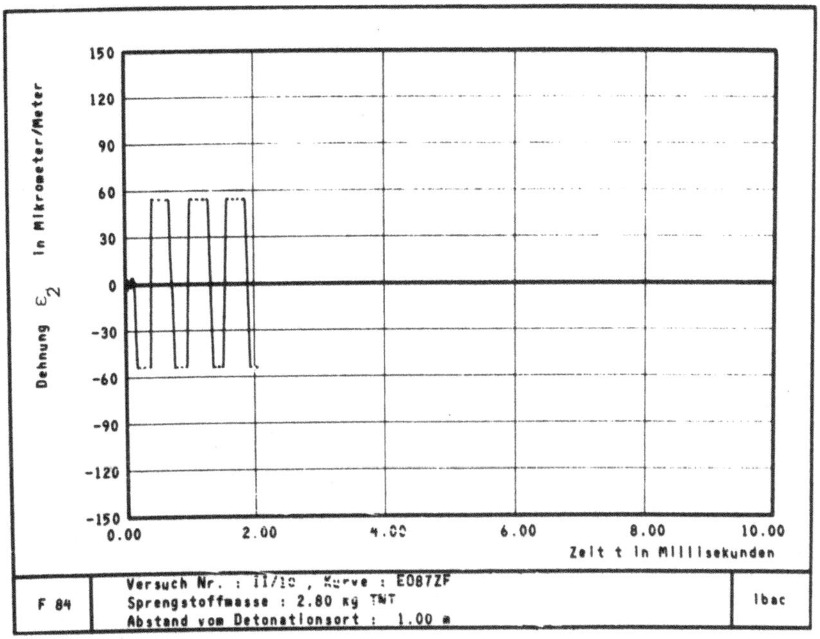

Abb. 125:

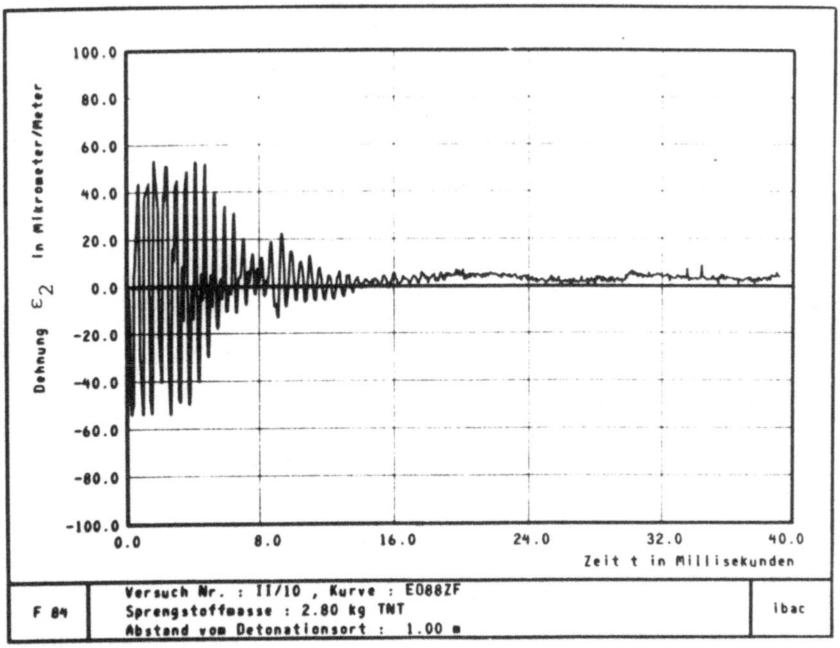

Abb. 126:

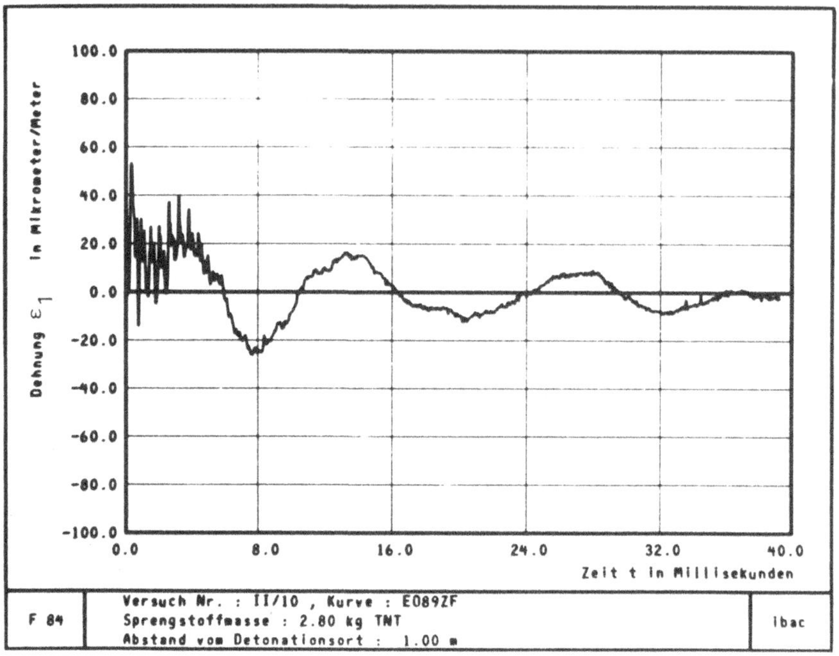

Abb. 127:

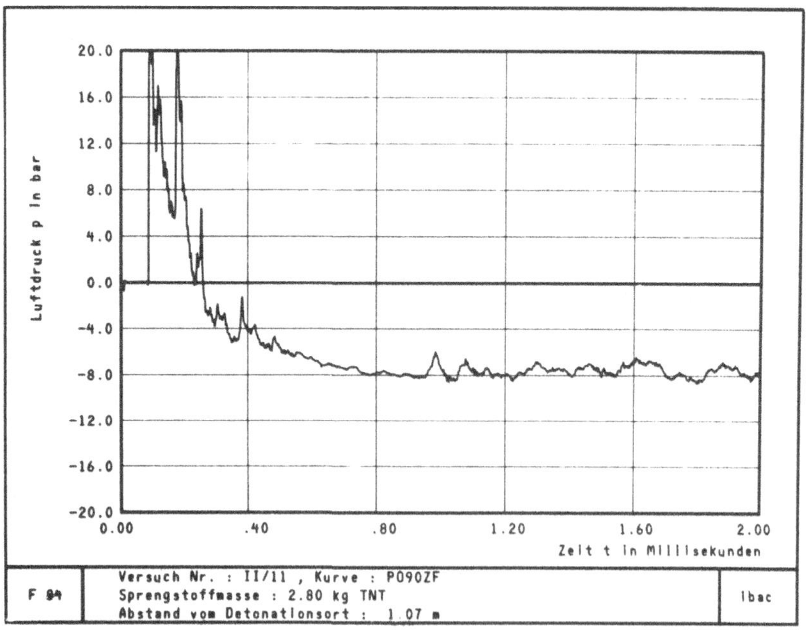

Abb. 128:

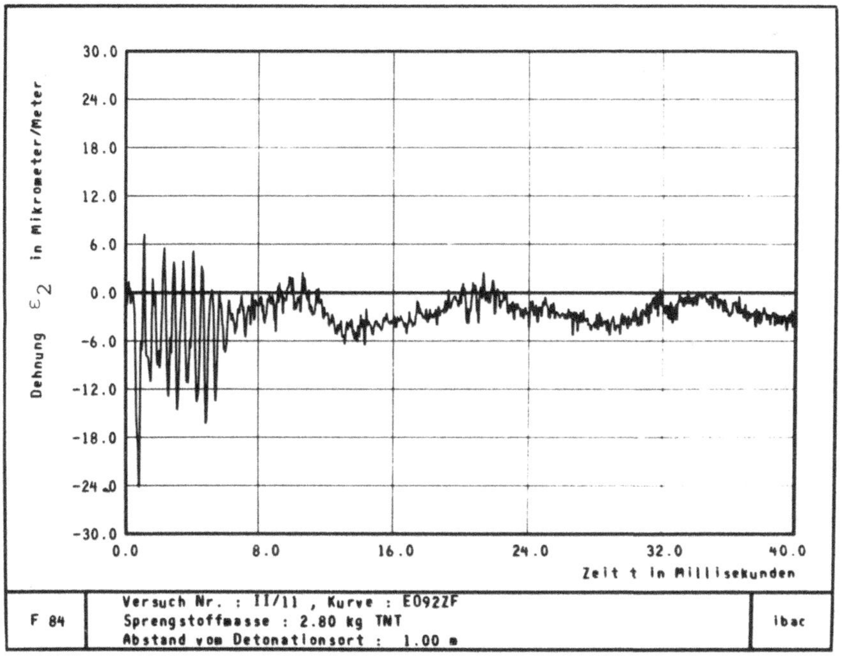

Abb. 129:

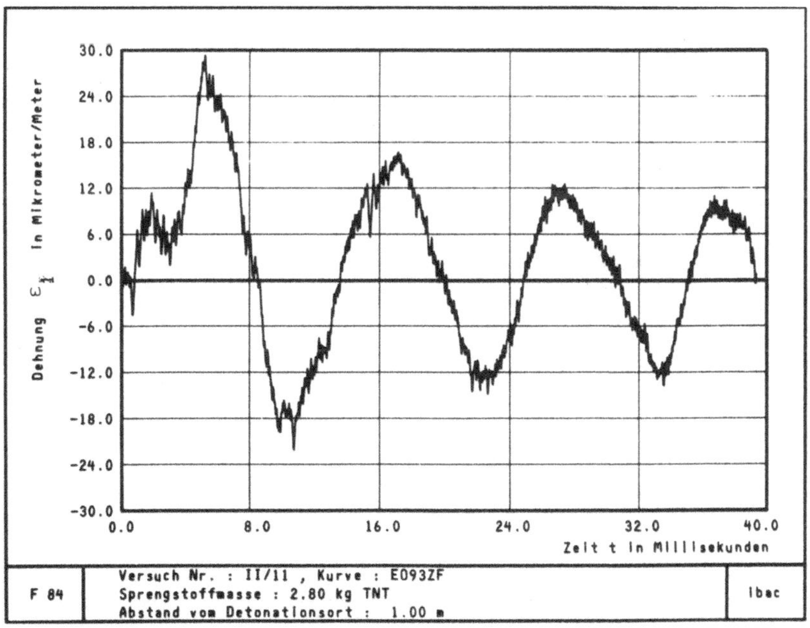

Abb. 130:

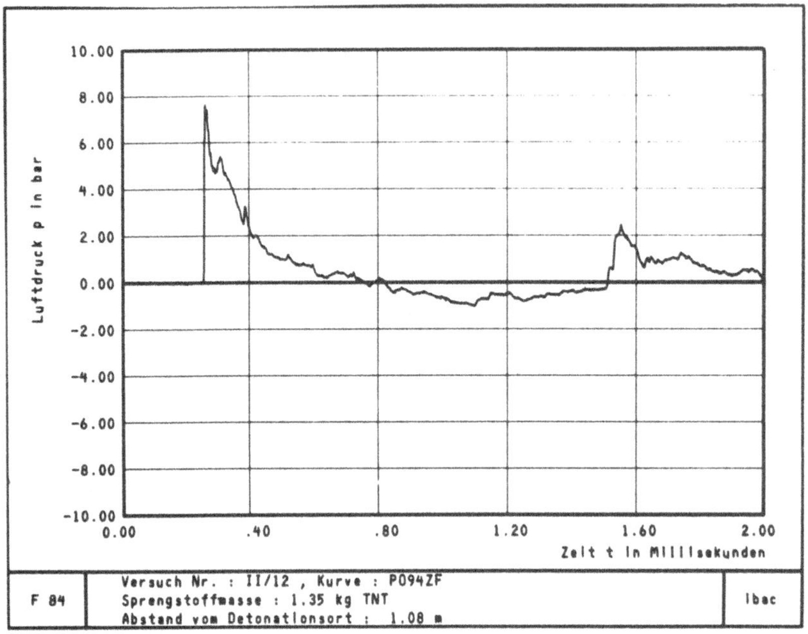

Abb. 131:

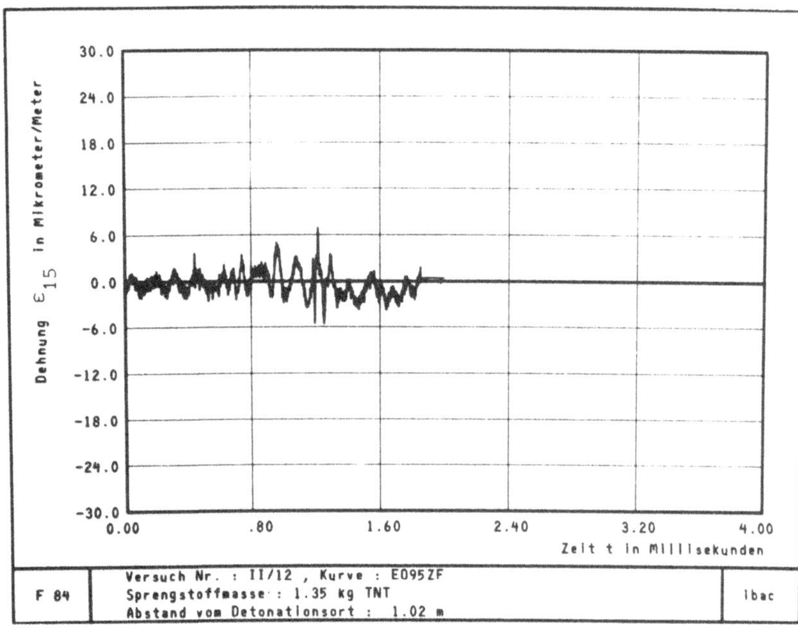

Abb. 132:

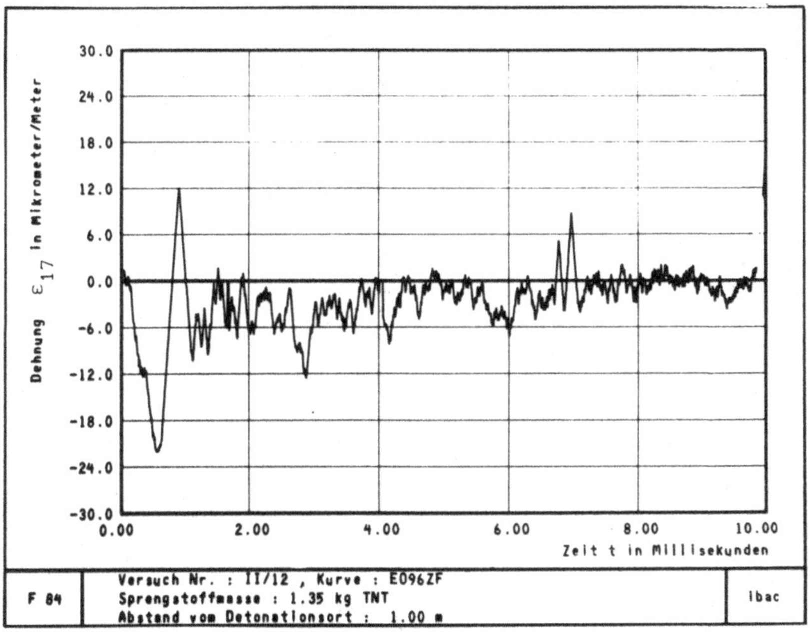

Abb. 133:

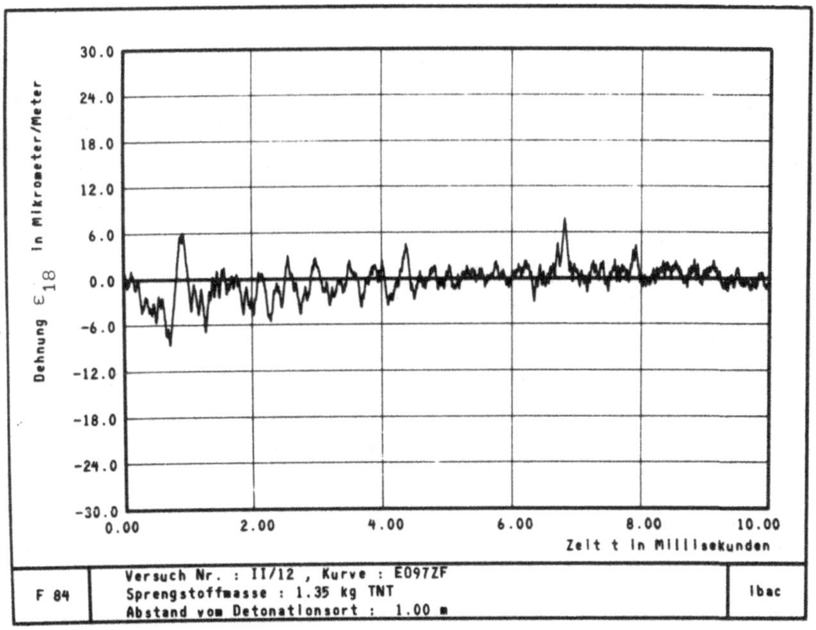

Abb. 134:

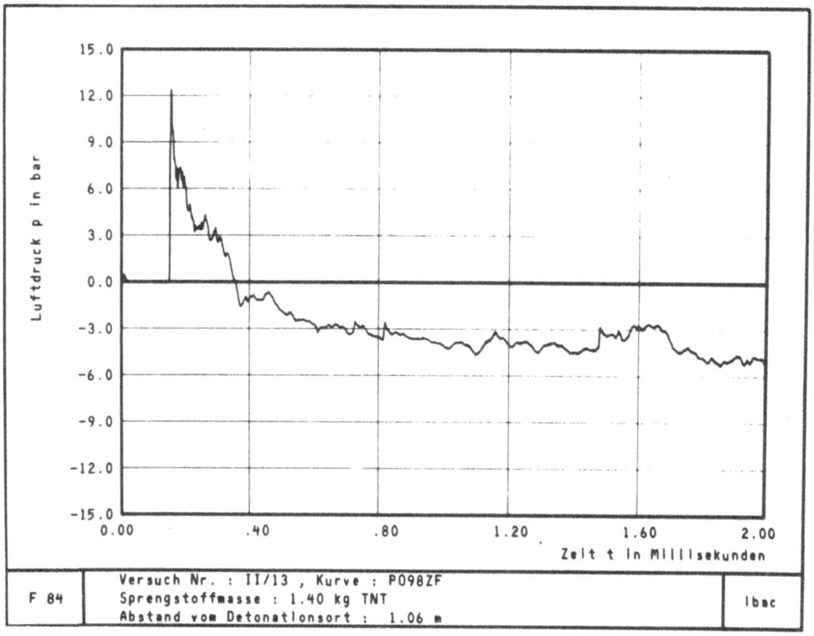

Abb. 135:

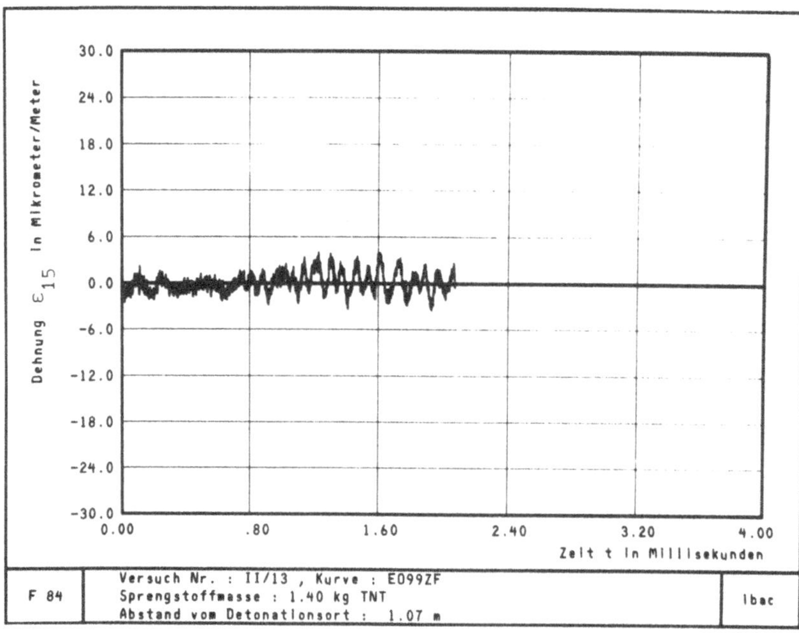

Abb. 136:

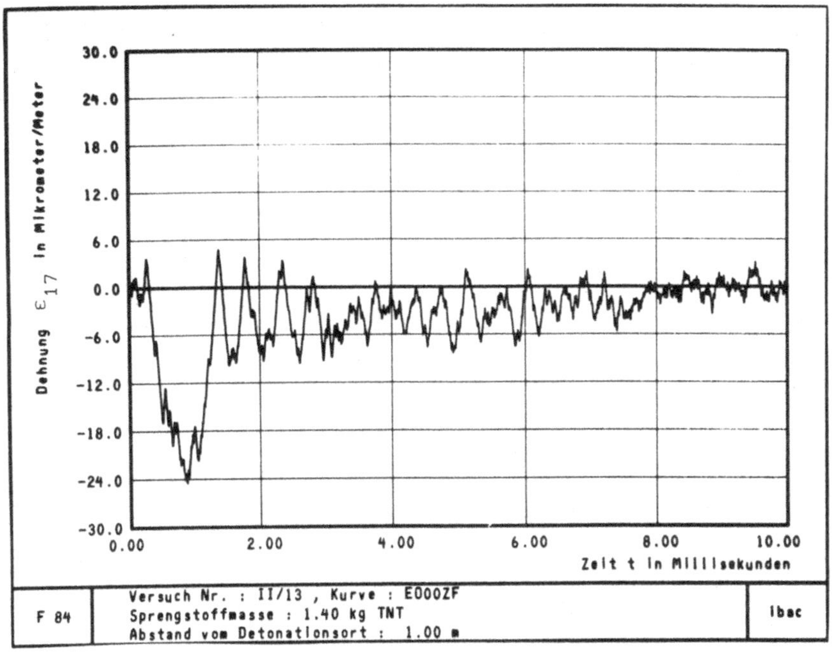

Abb. 137:

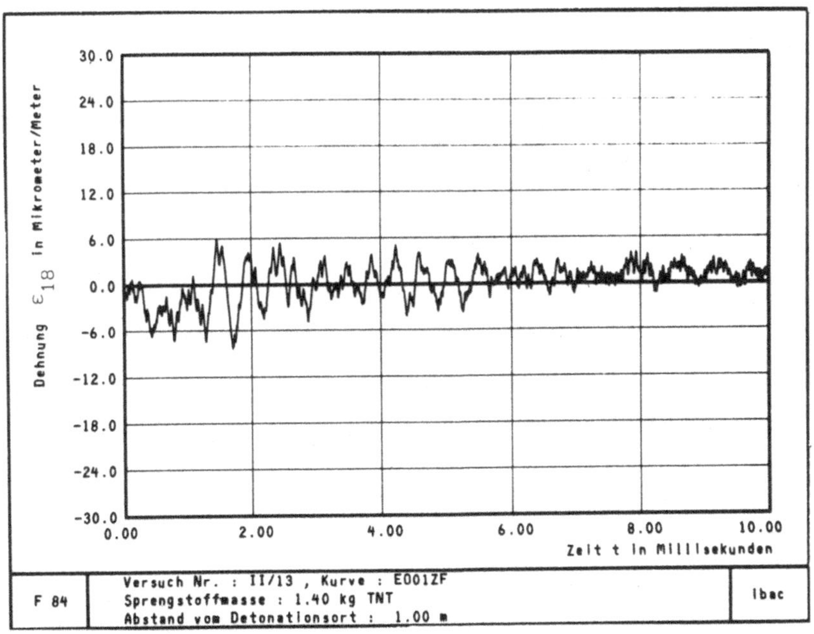

Abb. 138:

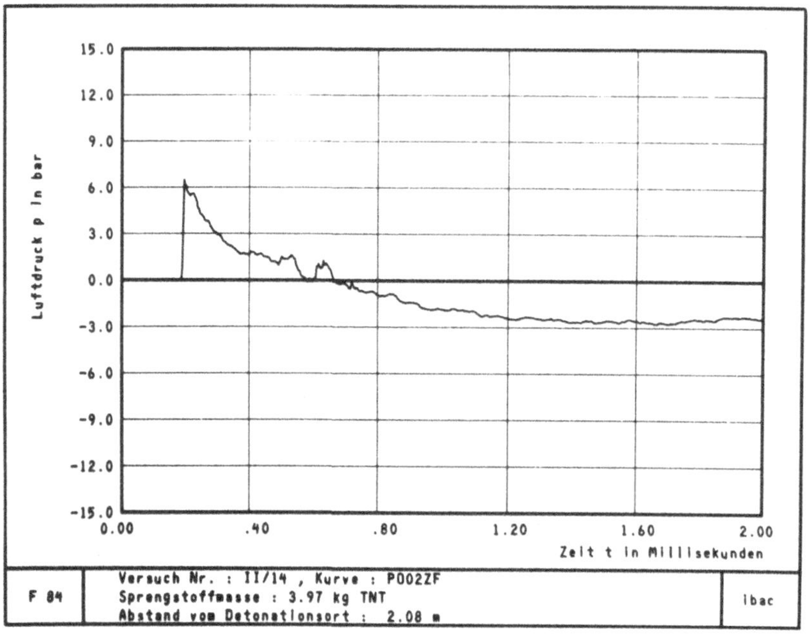

Abb. 139:

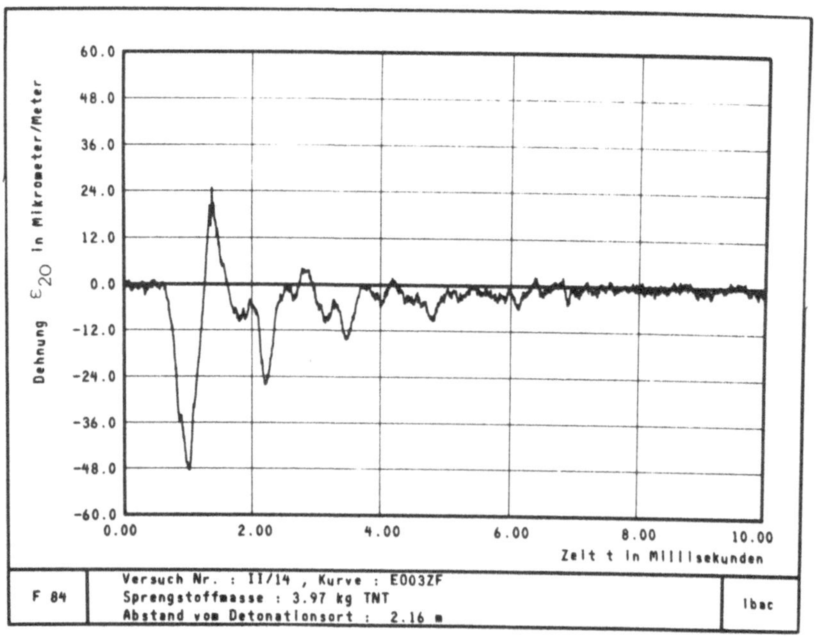

Abb. 140:

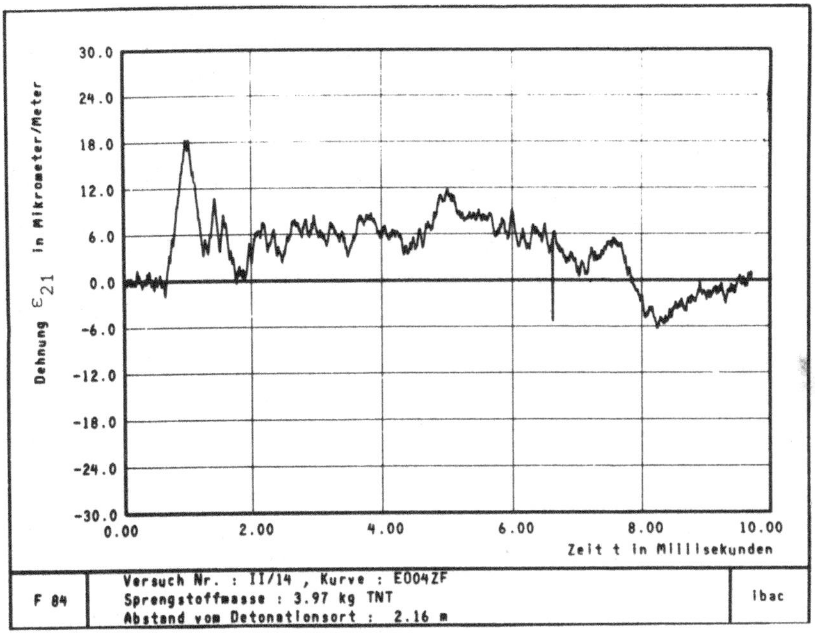

Abb. 141:

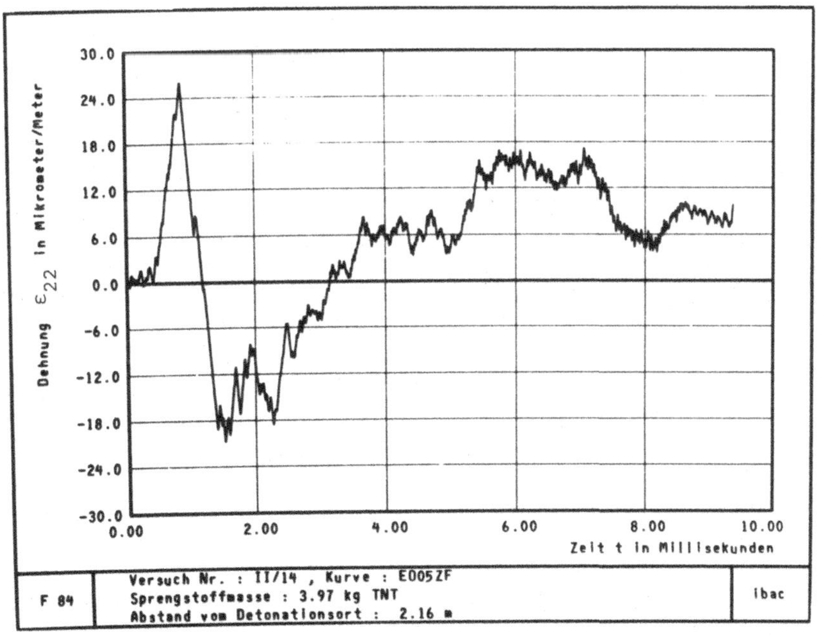

Abb. 142:

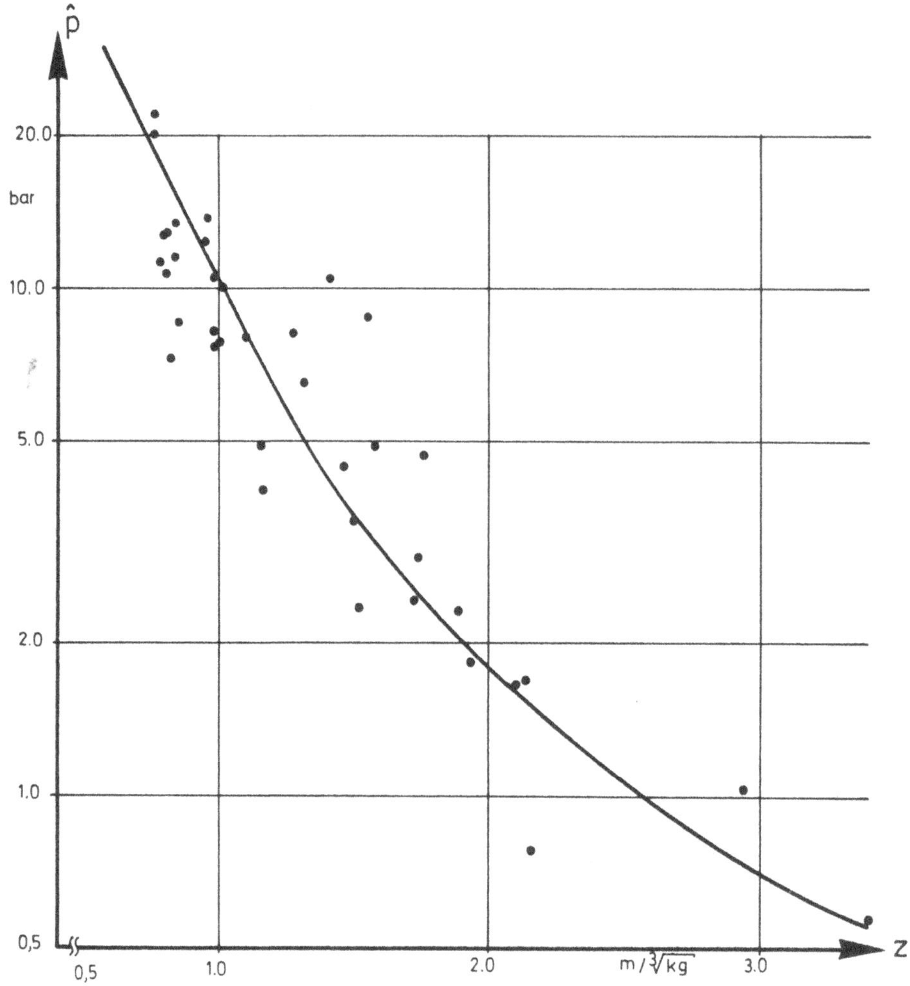

Abb. 143: Gemessene Druckspitzenwerte $\hat{p}$ in Abhängigkeit vom bezogenen Abstand vom Detonationsort $z = R / \sqrt[3]{m}$ (—— : Verlauf nach [10])

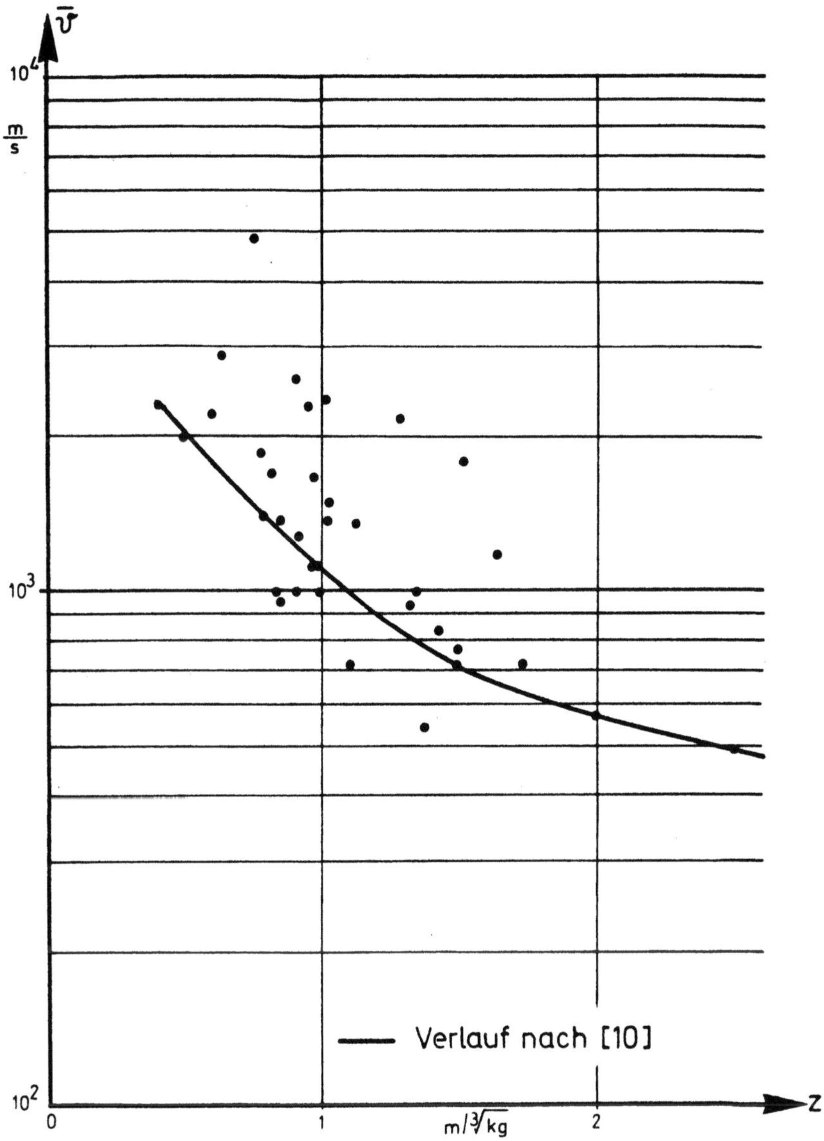

Abb. 144: Gemessene mittlere Susbreitungsgeschwindigkeiten $\bar{v}$ der Luftdruckfront in Abhängigkeit vom bezogenen mittleren Abstand vom Detonationsort $z = R / \sqrt[3]{m}$ (m: den Druckspitzenwerten äquivalente Sprengstoffmasse)

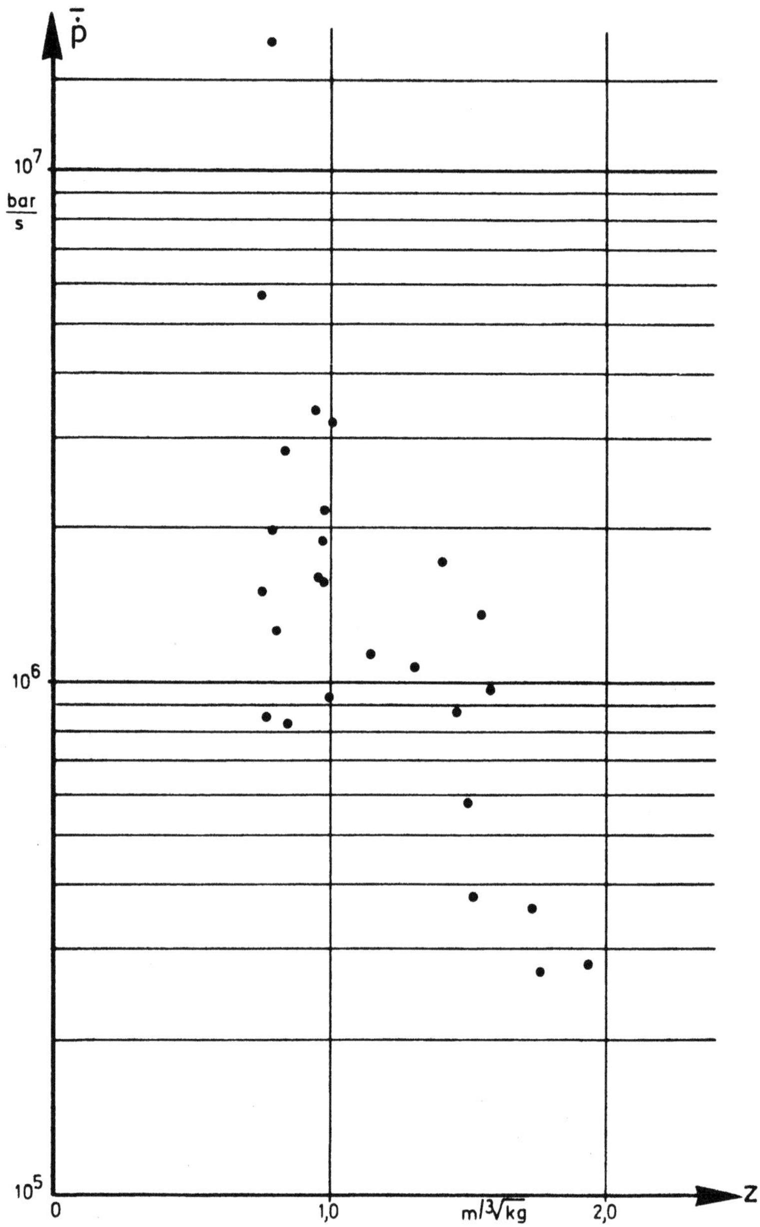

Abb. 145: Gemessene Druckanstiegsraten $\bar{\dot{p}}$ in Abhängigkeit vom bezogenen Abstand vom Detonationsort $z = R / \sqrt[3]{m}$ (m: tatsächliche Sprengstoffmasse)

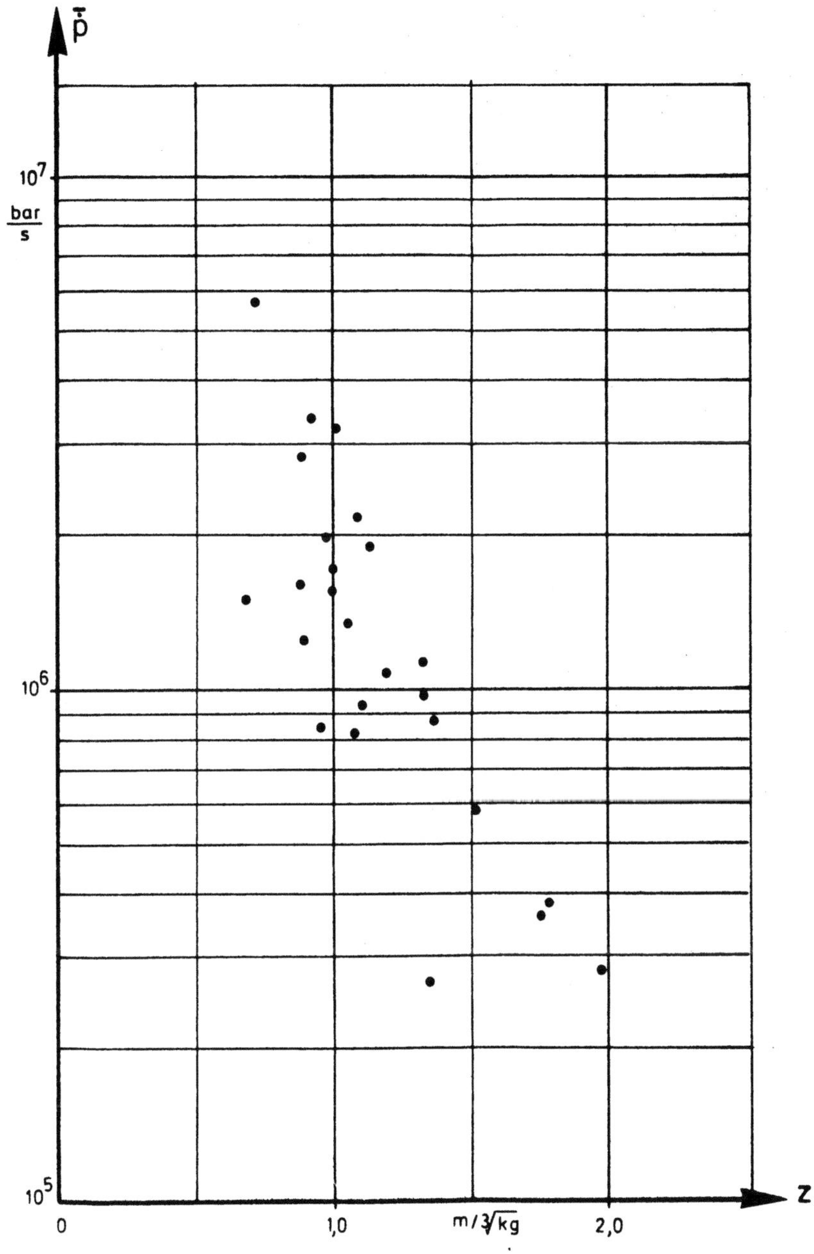

Abb. 146: Gemessene Druckanstiegsraten $\dot{\bar{p}}$ in Abhängigkeit vom bezogenen Abstand vom Detonationsort $z = R / \sqrt[3]{m}$. (m: Druckspitzenwerten äquivalente Sprengstoffmasse)

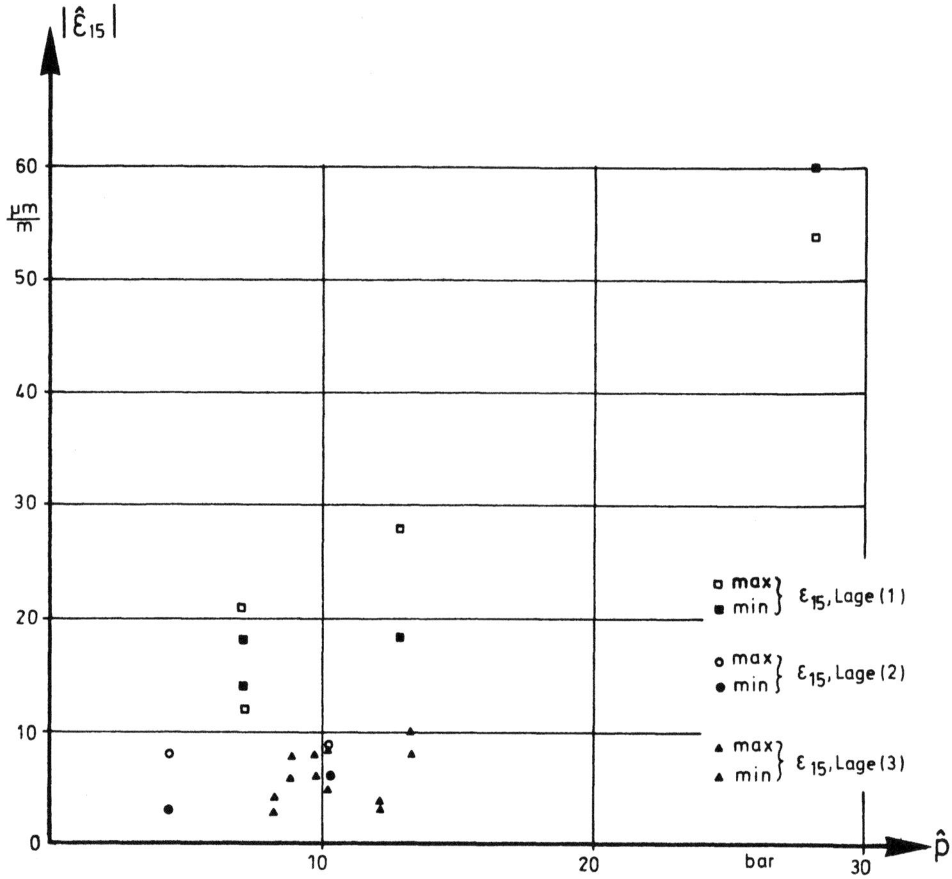

Abb. 147: Gemessene Dehnungsspitzenwerte $|\hat{\varepsilon}_{15}|$ in Abhängigkeit von gemessenen Luftdruckspitzenwerten $\hat{p}$

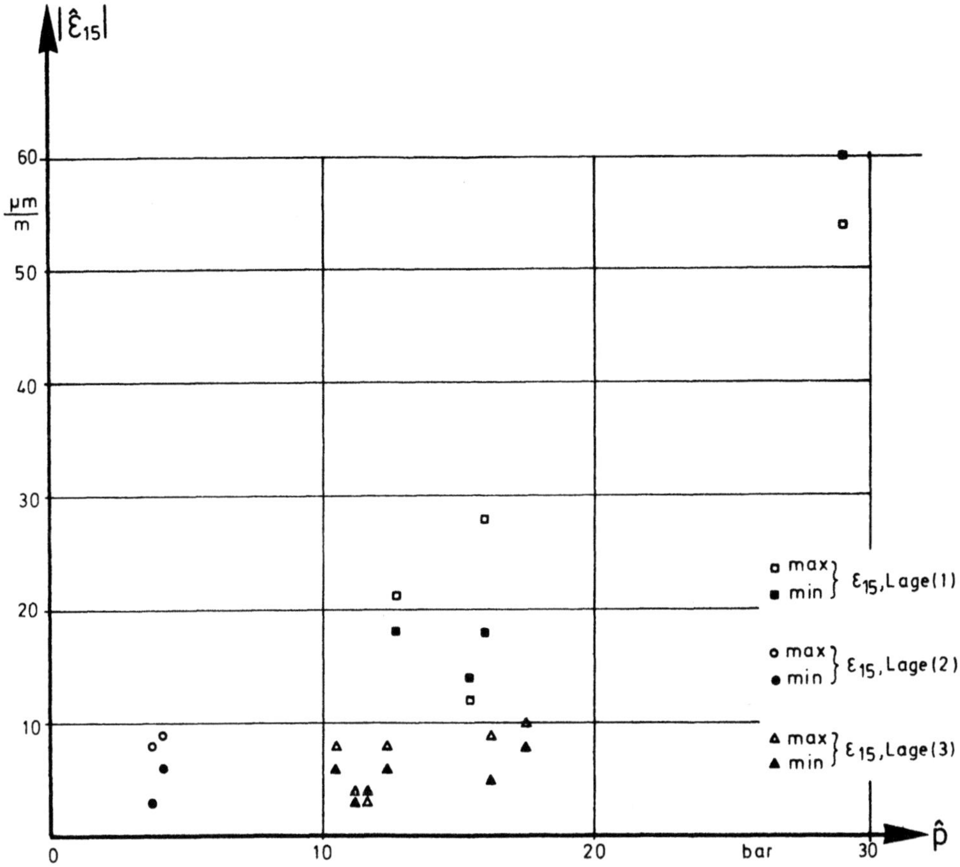

Abb. 148: Gemessene Dehnungsspitzenwerte $|\hat{\varepsilon}_{15}|$ in Abhängigkeit von theoretischen (nach [10], vgl. auch Abb. 143) Luftdruckspitzenwerten $\hat{p}$

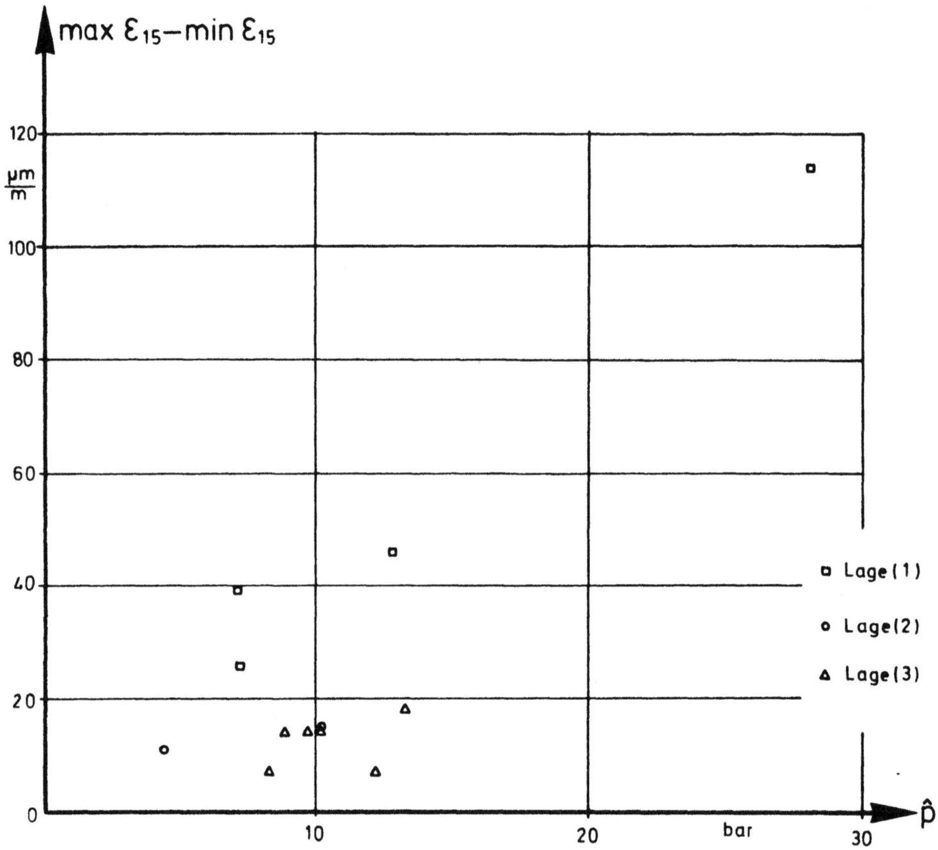

Abb. 149 Gemessene Schwingbreiten ($\max \varepsilon_{15} - \min \varepsilon_{15}$) in Abhängigkeit von gemessenen Luftdruckspitzenwerten $\hat{p}$

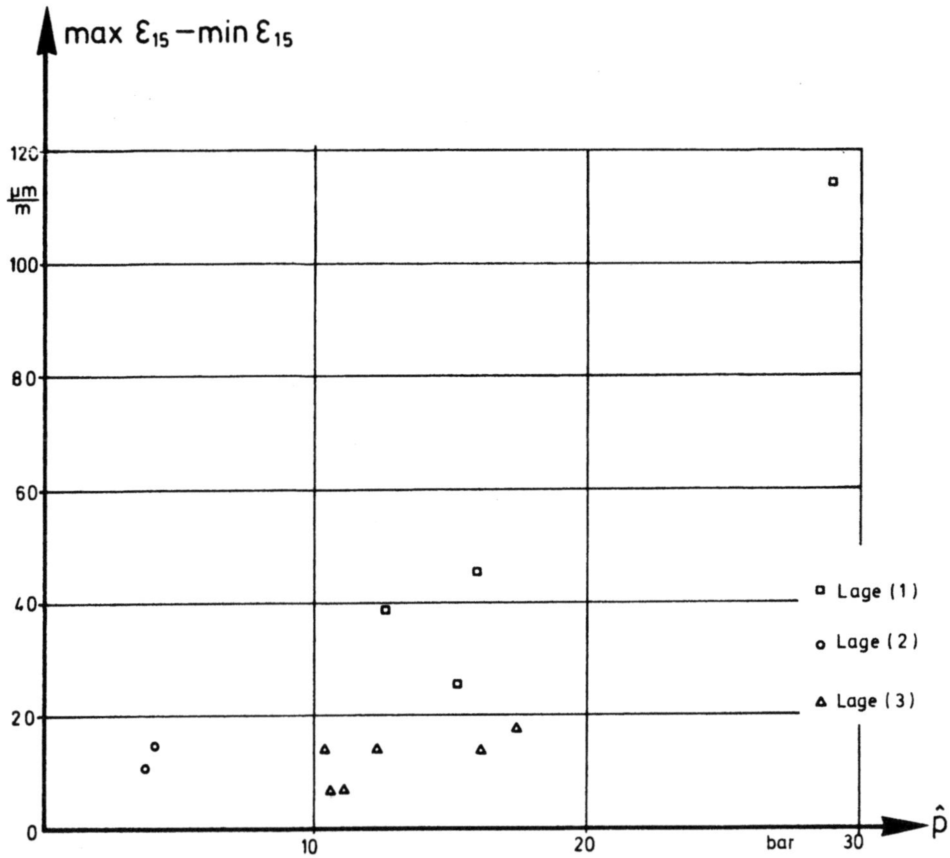

Abb. 150: Gemessene Schwingbreiten ($\max \varepsilon_{15} - \min \varepsilon_{15}$) in Abhängigkeit von theoretischen (nach [10], vgl. auch Abb. 143) Luftdruckspitzenwerten $\hat{p}$

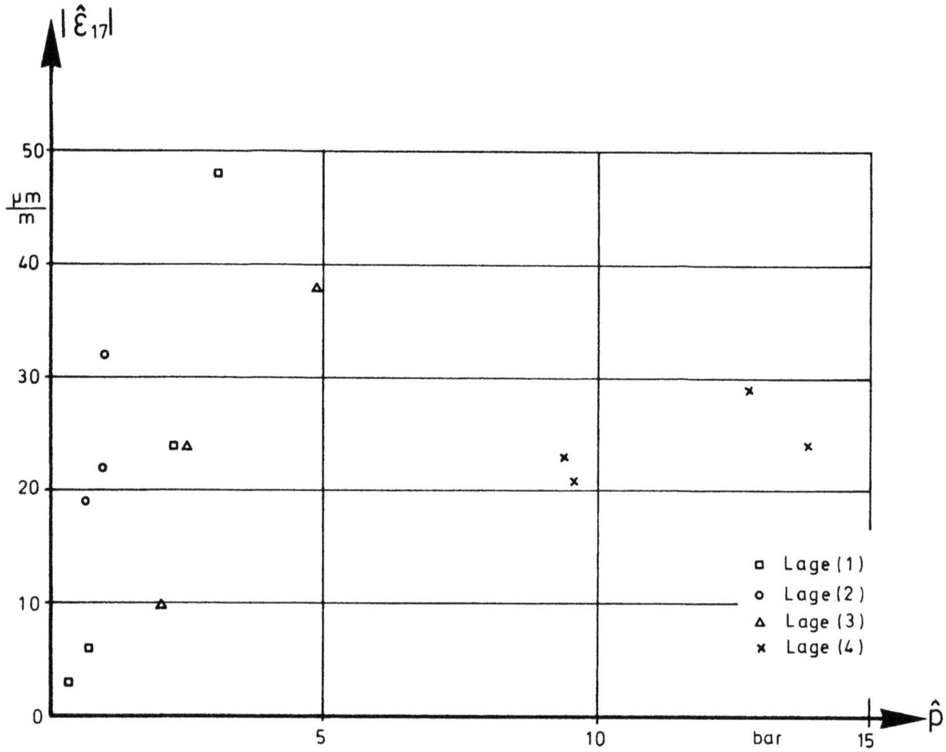

Abb. 151: Gemessene Dehnungsspitzenwerte $|\hat{\varepsilon}_{17}|$ in Abhängigkeit von gemessenen Luftdruckspitzenwerten $\hat{p}$

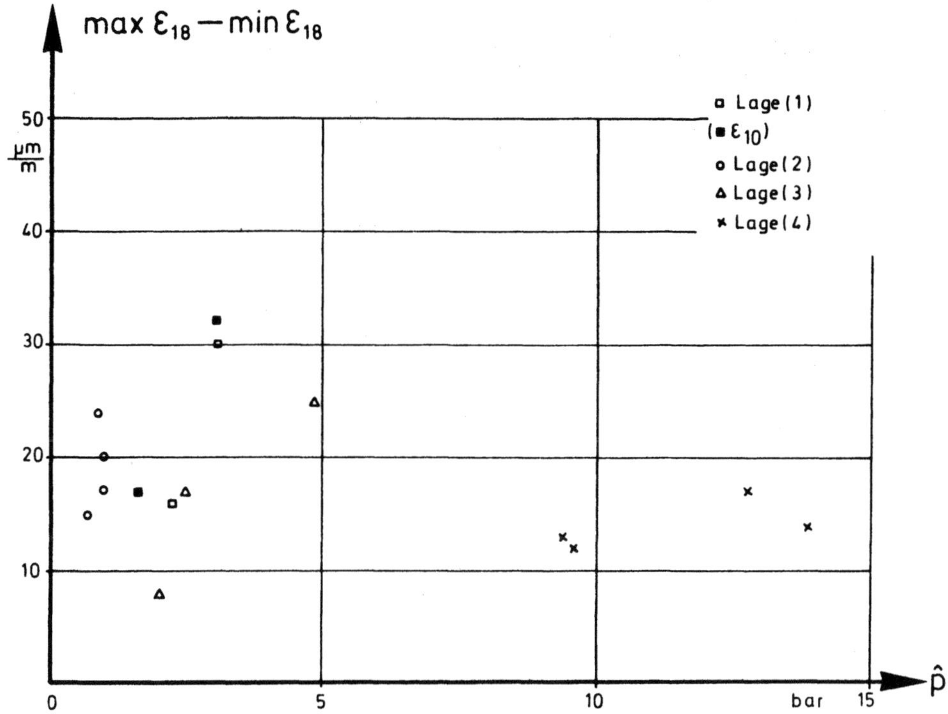

Abb. 152: Gemessene Schwingbreiten (max ε_{18} - min ε_{18}) bzw. (max ε_{10} - min ε_{10}) in Abhängigkeit von gemessenen Luftdruckspitzenwerten $\hat{p}$

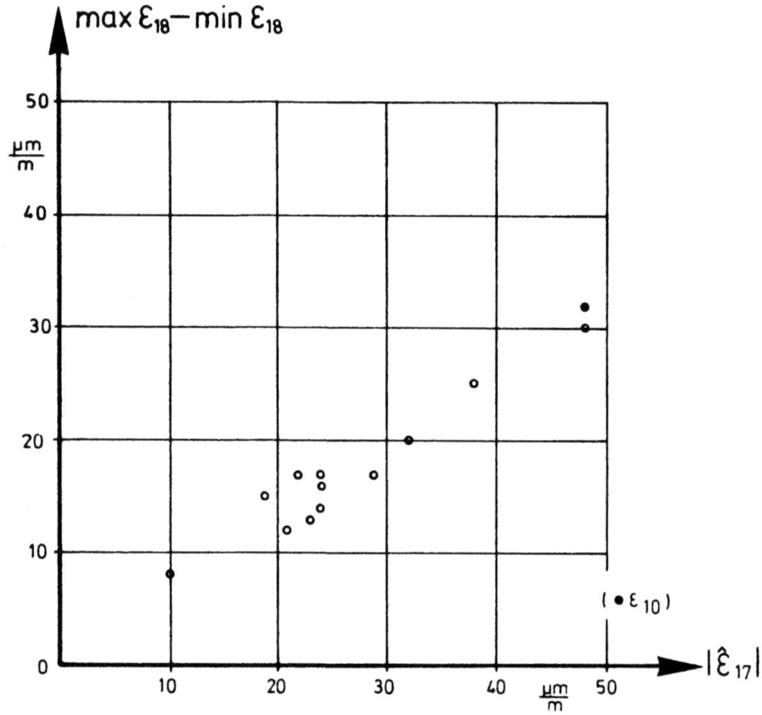

Abb. 153: Gemessene Schwingbreiten (max ε_{18} - min ε_{18}) bzw- (max ε_{10} - min ε_{10}) der Außenseite von Wand WA 1 in Abhängigkeit von gemessenen Dehnungsspitzenwerten $|\hat{\varepsilon}_{17}|$ der Innenseite dieser Wand

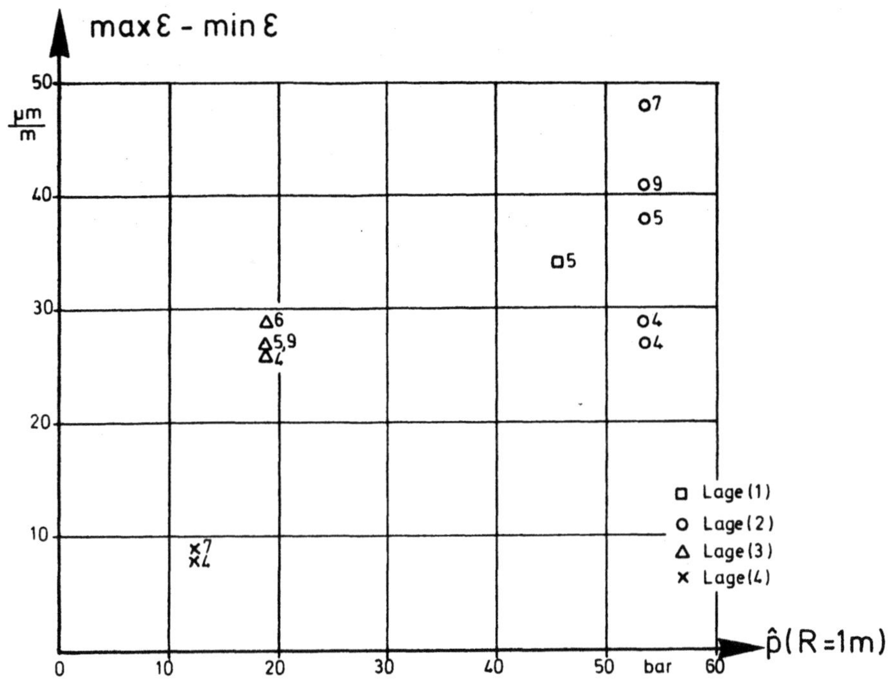

Abb. 154: Gemessene Schwingbreiten (max ε - min ε) bei verschiedenen Dehnungsaufnehmern in einer Wandecke in Abhängigkeit vom in 1 m Entfernung herrschenden Spitzendruck p̂
(Die Zahlen neben den Symbolen geben die Nummern der Aufnehmer an)

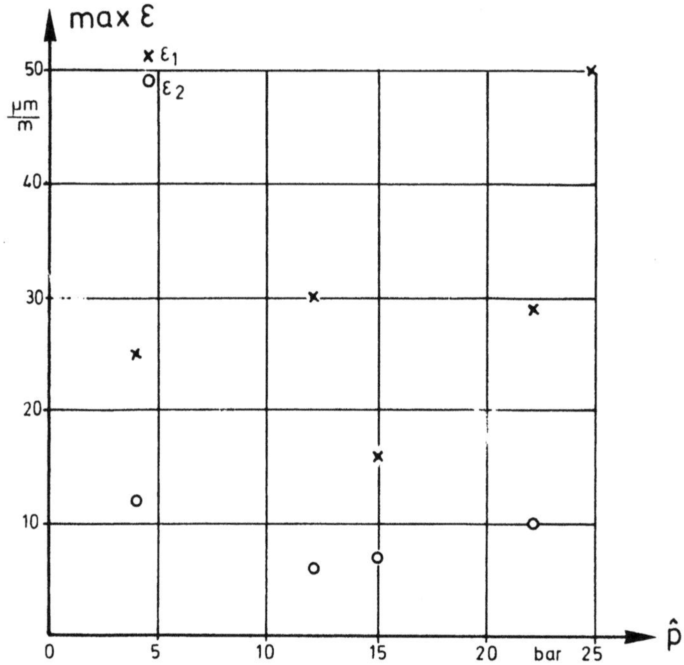

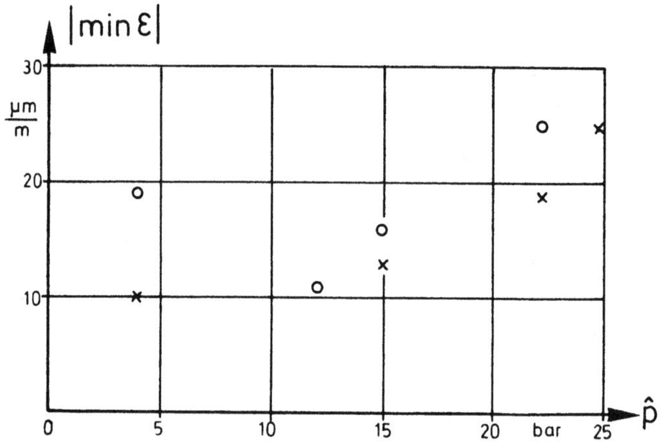

Abb- 155: Gemessene Dehnungsextremwerte ε_1, ε_2 in der Mitte der Stirnwand WA 4 in Abhängigkeit vom Spitzenwert des dort herrschenden Luftdruckes $\hat{p}$

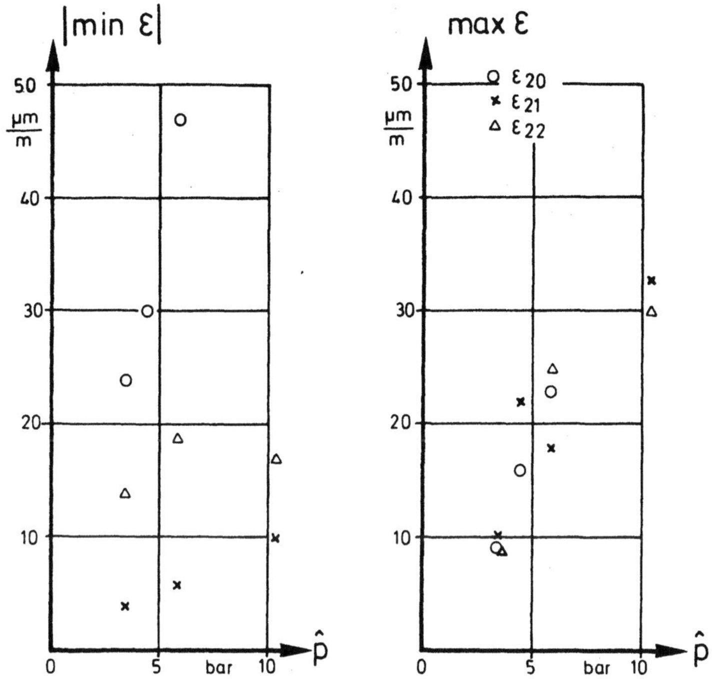

Abb. 156: Gemessene Dehnungsextremwerte ε_{20}, ε_{21}, ε_{22} in der Mitte der Deckenplatte in Abhängigkeit vom Spitzenwert des dort herrschenden Luftdruckes $\hat{p}$

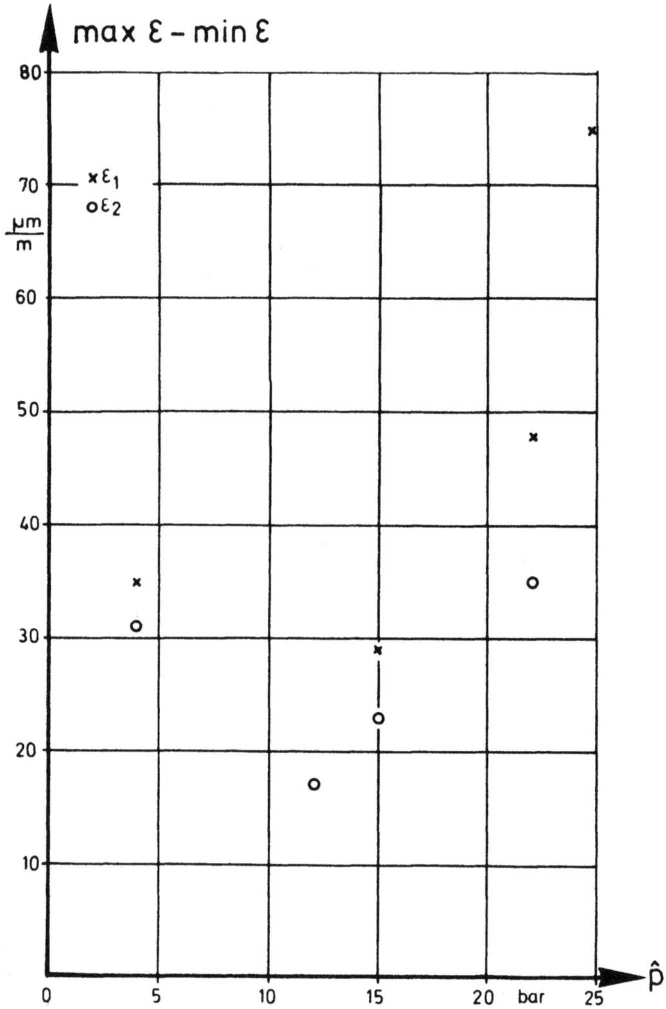

Abb. 157: Gemessene Schwingbreiten (max ε - min ε) der Aufnehmer ε_1, ε_2 in der Mitte der Stirnwand WA 4 in Abhängigkeit vom Spitzenwert des dort herrschenden Luftdruckes $\hat{p}$

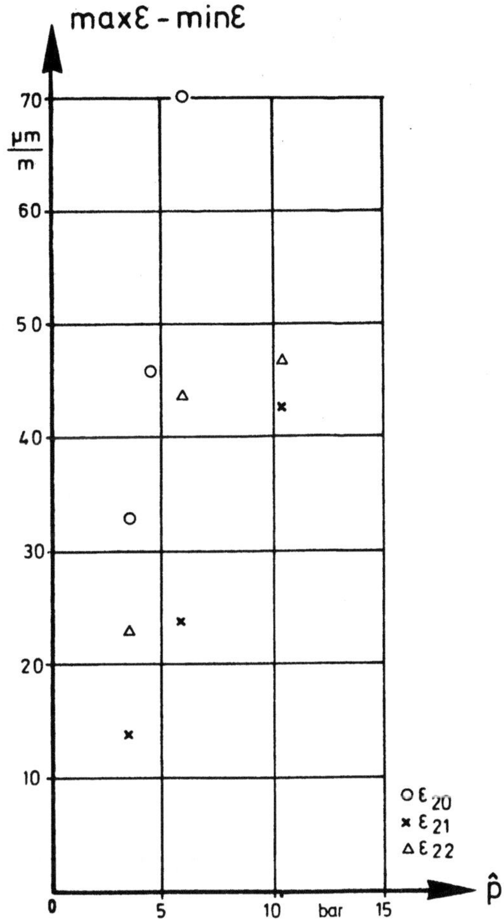

Abb. 158: Gemessene Schwingbreiten (max ε - min ε) der Aufnehmer ε_{20}, ε_{21}, ε_{22} in der Mitte der Deckenplatte in Abhängigkeit vom Spitzenwert des dort herrschenden Luftdruckes $\hat{p}$

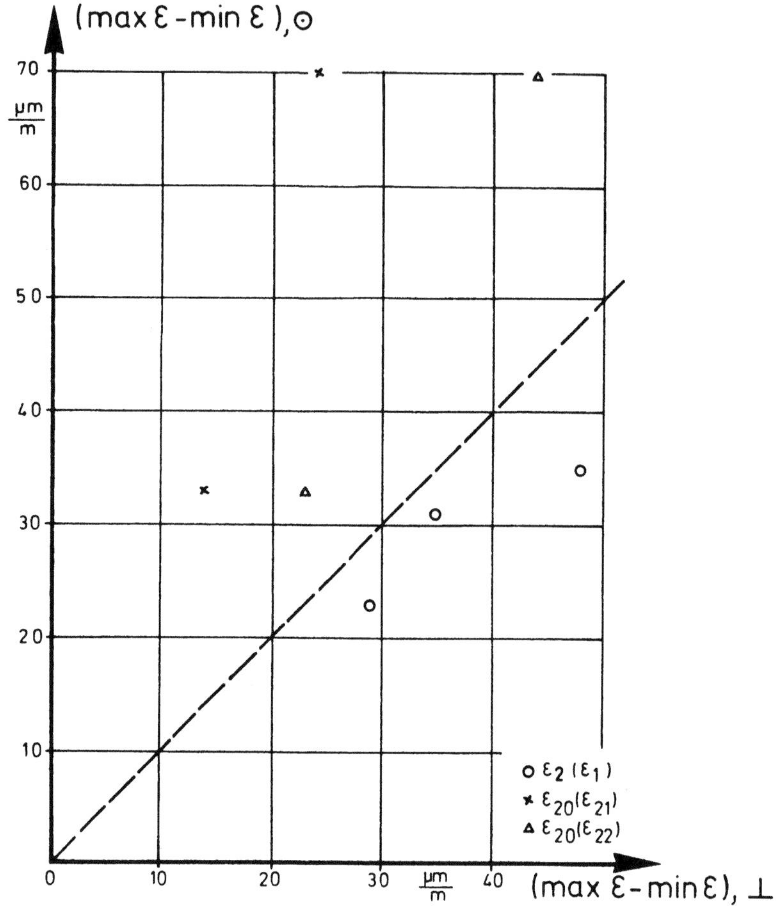

Abb. 159: Zusammenhang zwischen gemessenen Schwingbreiten (max ε - min ε) längs (⊙) und denen quer (⊥) zur Aufprallrichtung des Luftdruckes

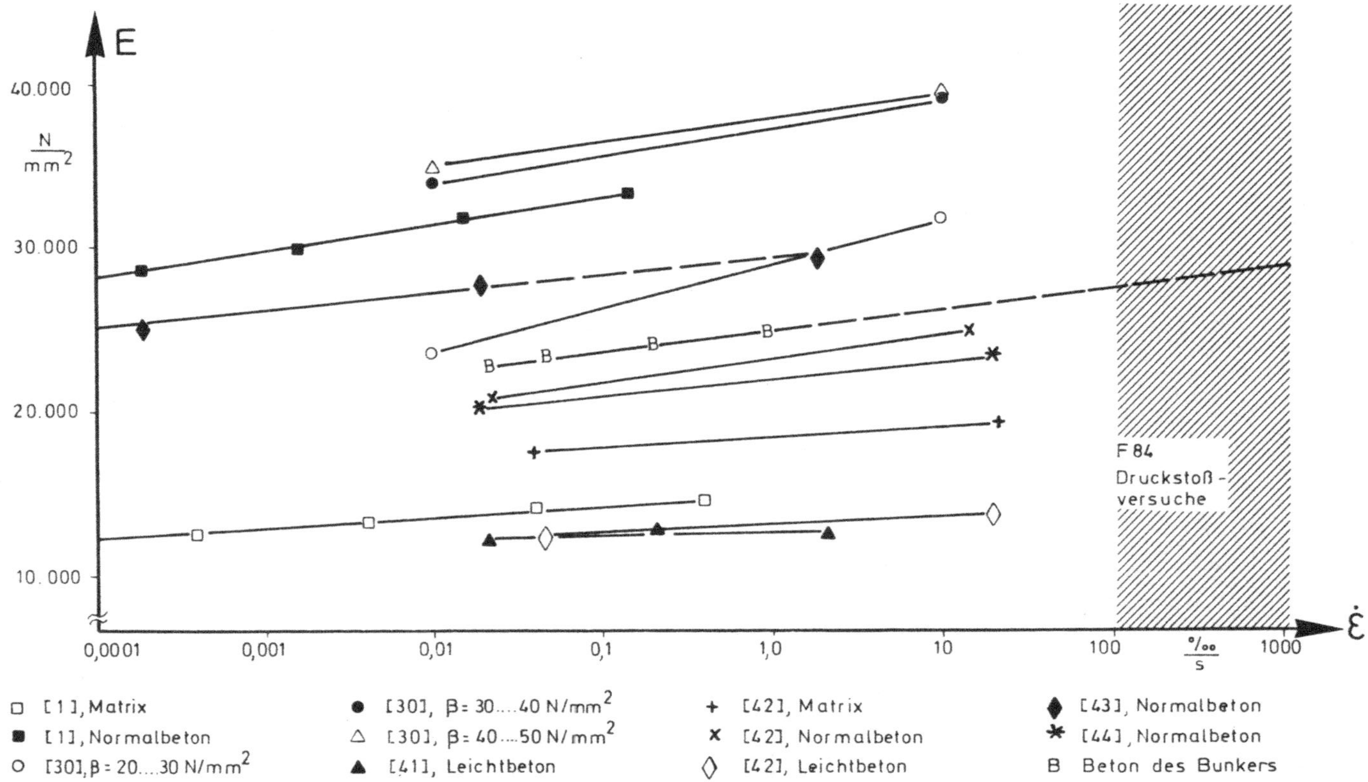

Abb. 160: Abhängigkeit des E-Moduls von der Verformungsgeschwingkeit nach verschiedenen Literaturstellen

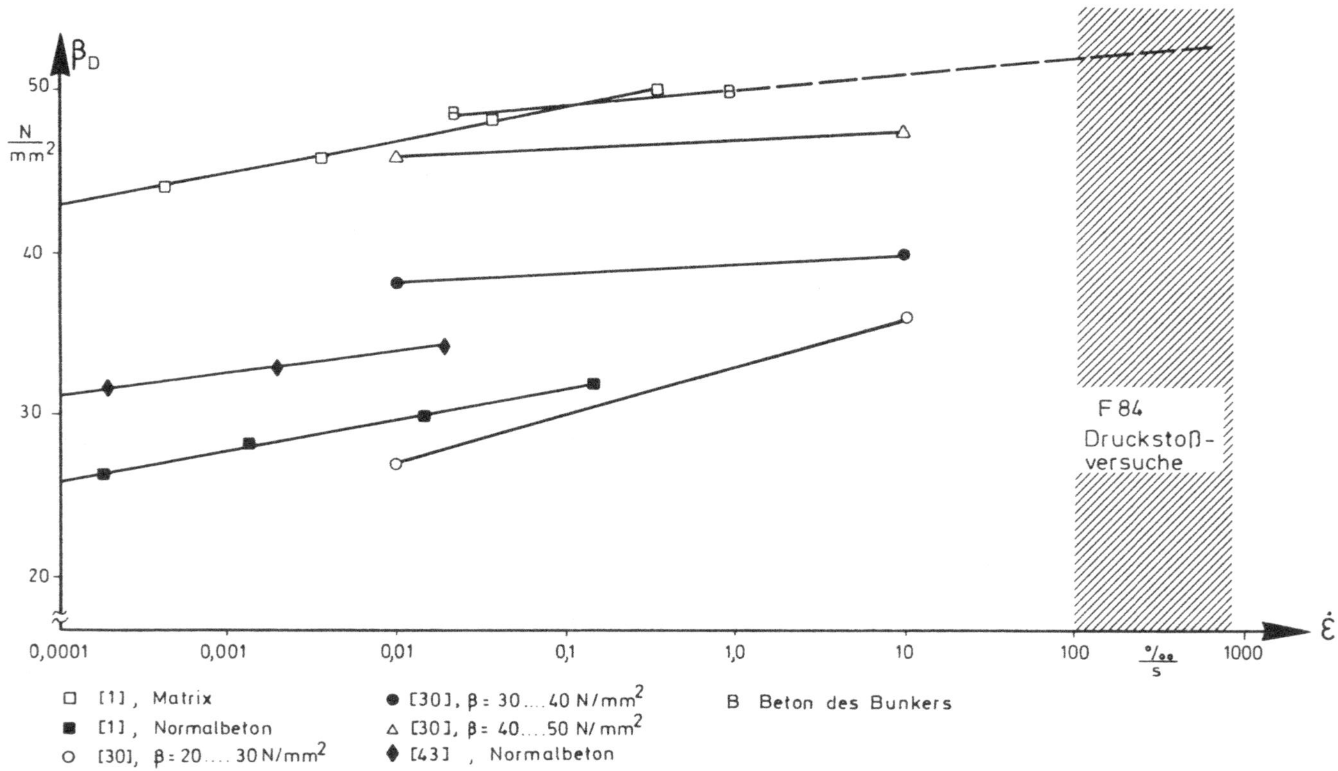

Abb. 161: Abhängigkeit der Druckfestigkeit von der Verformungsgeschwindigkeit nach verschiedenen Literaturstellen

FORSCHUNGSBERICHTE
des Landes Nordrhein-Westfalen

Herausgegeben
vom Minister für Wissenschaft und Forschung

Die „Forschungsberichte des Landes Nordrhein-Westfalen" sind in zwölf Fachgruppen gegliedert:

Geisteswissenschaften
Wirtschafts- und Sozialwissenschaften
Mathematik / Informatik
Physik / Chemie / Biologie
Medizin
Umwelt / Verkehr
Bau / Steine / Erden
Bergbau / Energie
Elektrotechnik / Optik
Maschinenbau / Verfahrenstechnik
Hüttenwesen / Werkstoffkunde
Textilforschung

WESTDEUTSCHER VERLAG
5090 Leverkusen 3 · Postfach 300620

GPSR Compliance

The European Union's (EU) General Product Safety Regulation (GPSR) is a set of rules that requires consumer products to be safe and our obligations to ensure this.

If you have any concerns about our products, you can contact us on ProductSafety@springernature.com

In case Publisher is established outside the EU, the EU authorized representative is:

Springer Nature Customer Service Center GmbH
Europaplatz 3
69115 Heidelberg, Germany

Batch number: 10584556

Printed by Printforce, the Netherlands